Project management basic course for IT engineers.

ITエンジニアのための プロジェクトマネジメント基礎講座

金田光範、入月康晴 著

C&R研究所

■本書の内容について

- 本書は著者・編集者が内容を慎重に検討し、著述・編集しています。ただし、本書の記述内容に関わる運用結果にまつわるあらゆる損害・障害につきましては、責任を負いませんのであらかじめご了承ください。
- 本書は2024年4月現在の情報で記述しています。

●本書の内容についてのお問い合わせについて

この度はC&R研究所の書籍をお買いあげいただきましてありがとうございます。本書の内容に関するお問い合わせは、「書名」「該当するページ番号」「返信先」を必ず明記の上、C&R研究所のホームページ(https://www.c-r.com/)の右上の「お問い合わせ」をクリックし、専用フォームからお送りいただくか、FAXまたは郵送で次の宛先までお送りください。お電話でのお問い合わせや本書の内容とは直接的に関係のない事柄に関するご質問にはお答えできませんので、あらかじめご了承ください。

〒950-3122 新潟県新潟市北区西名目所4083-6　株式会社 C&R研究所　編集部
FAX 025-258-2801
『ITエンジニアのためのプロジェクトマネジメント基礎講座』サポート係

はじめに

プロジェクトマネジメントは、非常に古い歴史があります。罠を仕掛け、獲物をみんなで追い込みしとめるなどは典型的なプロジェクトです。リーダーは、天候を読み地形を見極め、獲物の特性とリスクを調べ、自分達の勢力を把握して行動に出ます。これこそ典型的なプロジェクトマネジメントです。人類はその後、砦や古墳など、巨大建造物の構築や二十世紀のアポロ計画などビッグサイエンスの実現などを経て、その技法を磨き発達させてきました。ちなみに最も厳しく高度で緻密なプロジェクトは戦争です。我々は平和を望みますが、最も高度なプロジェクトマネジメントは皮肉にも戦争です。なお、プロジェクトマネジメントの古典は孫氏の兵法にあると思っています。

ところで、コンピュータが急成長した1960年代から1980年代にかけてはソフトウェア開発プロジェクトが世界中で起こりましたが、数々の失敗を起こし、プロジェクトマネジメント技法が見直されるとともに体系化され、ツールも普及してきました。

たとえば1987年にPMBOKが出現しました。PCで使えるツールも出現しました。その後、インターネットが普及し、ICTがビジネスの形を変える時代になってきてPMBOKだけでは限界も見えてきました。ソフトウェアの変更修正が容易な利点を活かした手法が広がりました。

さらに社会学や心理学、マーケティング手法も必要になってきました。また経験則も再認識する必要に迫られていると思います。

プロジェクトマネジメントの手法・技法は今後も少しずつ変わっていくでしょう。また、業界事情によっても独自の方法論が出てくるでしょう。

そうした変化の中で、本書は、筆者らの経験をもとに狭義のプロジェクトマネジメント技法にこだわらず広く失敗事例も参考に、基本的なプロジェクトマネジメント手法を整理してみました。悩めるプロジェクトリーダーの課題解決の糸口になればと思い、現代の兵法書を目指して書き記してきました。一読いただいてお役に立てば大変嬉しく思います。

なお、本書の執筆にあたり、第1章、第7章、第8章を金田、第2章～第6章を入月が担当しています。

2024年4月

金田光範、入月康晴

目次 *contents*

CHAPTER-03

プロジェクト開始から完了まで

CHAPTER-04

プロジェクトのリスク分析

CHAPTER-05
プロジェクトの管理技法

CHAPTER-06

プロジェクトを計画する

CHAPTER-07

プロジェクトを管理する

CHAPTER-08

失敗しないプロジェクトのために

APPENDIX
演習課題の回答例

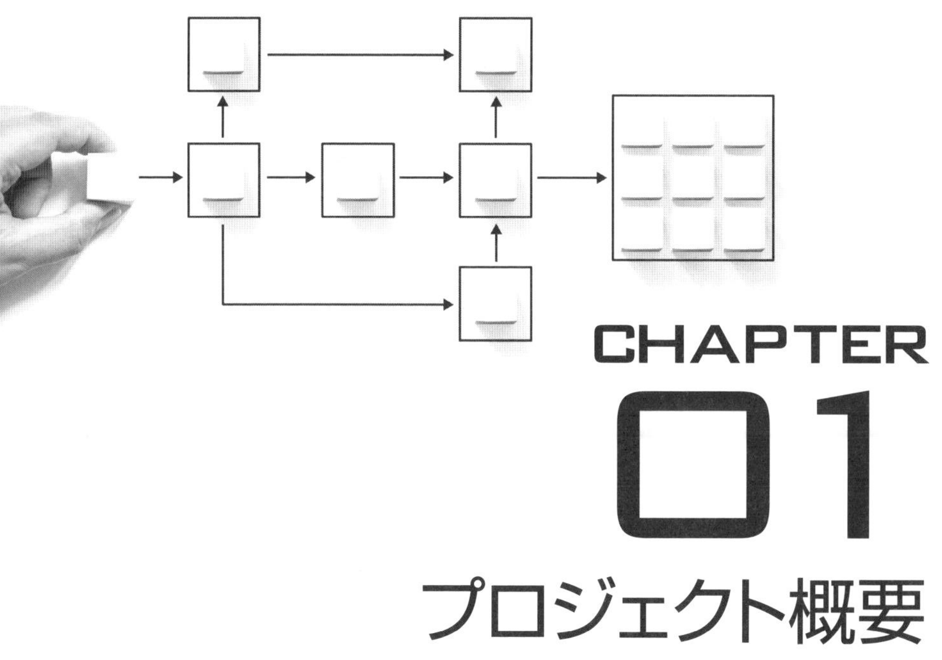

CHAPTER 01 プロジェクト概要

本章の概要

本章では、導入編としてプロジェクトとは何か、プロジェクトマネジメントとは何かというイメージをつかんでもらうために、その概要と歴史を説明します。

プロジェクトとは

仕事を遂行するときはもちろんのこと、身近な活動の多くの場面で「プロジェクト」は発生し、進行し、終了しています。たとえば、大会目指して頑張る部活動、受験勉強や資格取得活動、友達・家族と出かける旅行などもプロジェクト活動の一例といえます。PMBOK[1]では、プロジェクトとは、『独自のプロダクト、サービス、所産を創造するために実施される有機性の業務』と定義しています。

本書では、プロジェクトを『特定の目的・目標を持ち、一定のリソースを用いて、一定の期限内に実施される活動』と言い換えて説明していきます。

なお、特定の目的・目標を持つとは、継続的な活動や反復的な活動をすることではなく、ゴールに到達したら終了する性格の活動です。月間目標数や年間目標数などのノルマとは異なる特定のゴールが設定されているという意味です。一定のリソースとは、ヒト、モノ、カネ、時間、知識(情報)を指します。

プロジェクトに限らず何らかの活動をするならば、必ずリスクにさらされますが、プロジェクトを実行する場合、一般的に複数人でコストをかけて実行されるので、リスク管理は特に重要になります。

そして、プロジェクトマネジメントとは、以上の特定の目的・目標を達成するために計画、実行していくマネジメントのことです。そのためには、限られたリソースと期限を有効に活用管理する必要があります。

現実には、多くの人が抱えたプロジェクトをうまくこなしています。ところが、未体験のプロジェクトやリソースがいつもとは異なるプロジェクトであると、本能的に不安になります。プロジェクトは、常にリスクを内在しているからです。

不安になる人はむしろ成功率が上がると思いますが、不安を感じずに無謀な挑戦をする人も多くいます。実際、社会活動や企業活動の中には数えきれないほどの失敗事例があります。失敗学会[2]に事例が多々報告されています。

しかし不安であっても、プロジェクトとは何か、プロジェクトマネジメントとは何ぞやということを深く理解しておけば失敗は避けられます。少なくとも被害を最小限に抑え早期の復旧を行うことができます。

[1]：Project Management Body of Knowledgeの略。プロジェクトマネジメント知識体系。1996年初版がプロジェクトマネジメント協会(PMI)から発行。2021年に第7版が出版された。

[2]：2002年11月に失敗学の研究および研究者の交流を目的として設立された日本の学術団体。会長は畑村洋太郎(東京大学名誉教授)。失敗原因の解明、防止について、コンサル、教育、情報発信を行っている。

プロジェクトは繰り返しがききません。大げさにいえば歴史の一部として残るものです。それだけに行動の1つひとつを悔いのないように進めることは重要です。

孫氏の兵法に「敵を知り己を知れば百選危うからず」という言葉があります。プロジェクトを知り、マネジメントを理解しておくことで、現在の見えている課題のみならず隠れた課題も克服できます。

SECTION-02

プロジェクトマネジメントとは

ここで、改めてプロジェクトマネジメントとは何かを定義しておきます。プロジェクトマネジメントとは、特定の目的・目標を確実に達成するための計画と実行のマネジメントです。そして、マネジメントには、おのずと制約条件が発生します。多くのリーダーは認識していますが、この制約条件はメンバーにも明確に明示して認識を共有していなければいけません。

その制約条件とは、次のようなものになります。

- 目標を達成することだけでなく活動の効率化も期待される。
- リソースは限定された範囲で利用しなければいけない。また(当然だが)リソースはプロジェクトの進展段階で変化する。
- 期限(納期)は、(あらかじめ)決められている。
- 現在課題だけでなく、未知の課題を発見・設定し、成功に導く策を立案、実施しなければならない。

このような制約条件を参加者全員が共有し、時に重要な判断を迫られる場面において、プロジェクト参加者の方向を一致させる必要があります。計画内容や現状把握を共有することはとても重要です。また、話し合わなければ共有することは難しいものです。

プロジェクトを進めるにあたっては、何をするかに始まり何を管理し何を成果とするかなど、いろいろ検討し具体化していくことになります。これらの管理要件についてPMBOK第7版では、10の知識エリアとして下記を定義しています。

1. 総合マネジメント
2. スコープマネジメント
3. スケジュール(タイム)マネジメント
4. コストマネジメント
5. 品質マネジメント
6. 資源マネジメント
7. コミュニケーションマネジメント
8. リスクマネジメント
9. 調達マネジメント
10. ステークホルダーマネジメント

10の知識エリアはそれぞれ独立ではなく連動する面もあります。

本書では、10の知識エリアを4グループに分けた上で統合マネジメントを補佐する生産管理マネジメントを加えて、整理しました(下図参照)。

●PMBOKの知識エリアを旧来のプロジェクトマネジメントベースに整理すると

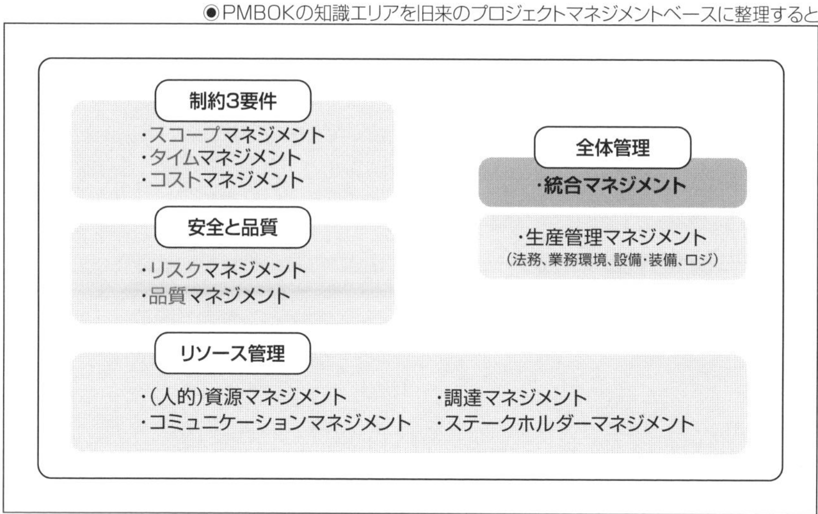

プロジェクトが大規模になるほど、統合マネジメントのウェイトが増していきますが、そのときに生産管理マネジメントは重要になります。また、複数のプロジェクトが並走すると、リソースの併用、転用、調達の一括化など、全体効率を上げるためにも生産管理マネジメントが要になってきます。

参考までにPMBOK以前の伝統的な管理要件を下図に示します。

●伝統的な管理

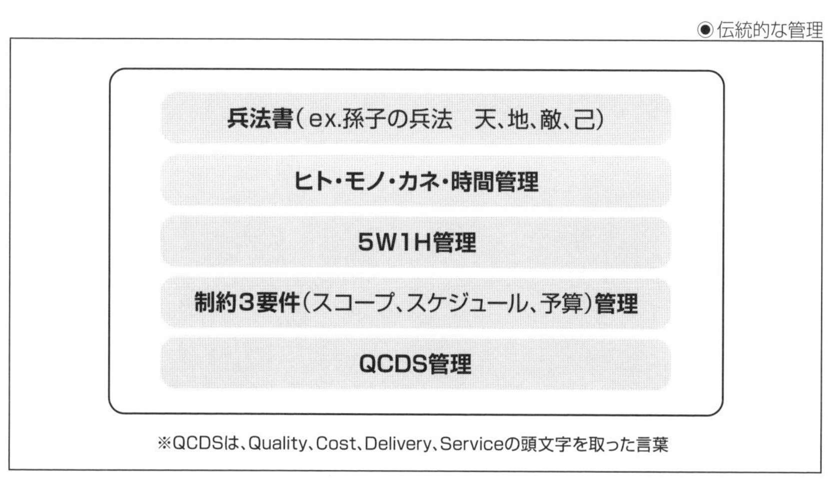

※QCDSは、Quality、Cost、Delivery、Serviceの頭文字を取った言葉

PMBOKは網羅的に構成されているので幅広いのですが、伝統的な管理要件は簡潔でわかりやすいものが多く、プロジェクトの規模や性格によって使い分けたほうが良い場合もあります。

ただ、業界や職場によって管理形態はいろいろあるので、プロジェクトごとに使い分けるのはかえって混乱を招く可能性もあります。さらに、管理要件は業界や集団によって各要件の重みや歴史がさまざまなため、定義や管理方法、用語も違っている可能性があります。しかし基本は変わりません。下記のように4分類にして捉えればわかりやすいと思います。

- B1：スコープ（プロジェクトの対象範囲とゴールの設定）
- B2：日程と予算
- A1：要員とスキル
- A2：装備と環境

プロジェクトを起こす（Before活動）前に要件を定める必要がありますが、それが上記のB1、B2になります。この要件が定まれば、その制約要件を満たすためにA1とA2を選定もしくは設定しリソースを確保することになります。これらの管理要件が揃えば、プロジェクトの本格的な開始（After活動）となります。

実際には、順序よく整っていくことはまれで、試行錯誤、時には行きつ戻りつを繰り返しながら進むことになります。ただ、これらの管理要件のいくつかがあらかじめ定まっておりルーチン化されていれば（実績があって業務環境が整っていれば）、プロジェクトの開始と進行は迅速になります。

組織のマネジメント形態

プロジェクトは単独で行うこともありますが、多くは複数人で行います。社会の経済活動の面から基本構成となる組織は、一般に3ケースあります。

1 機能型組織
2 プロジェクト型組織
3 マトリクス組織

機能型組織とは、継続的な業務を行う組織で、何を行うか機能が定義されており、手順も比較的明確になっている組織です。会社では、経理部や管理部、事務局などが該当します。

プロジェクト型組織は、プロジェクトを担う組織であり、期限やゴールが設定されている案件を扱います。時期によって業務内容や人員規模も大きく変化します。

マトリクス組織は、機能型とプロジェクト型を併せ持つ組織です。

一般の会社は、スタッフ組織（事業に間接的に係る）とライン組織（事業運営に直接係る）に大きく分かれていますが、スタッフ組織は1の機能型組織であり、ライン組織は2のプロジェクト型組織の場合が多いと思われます。建設現場や大きな開発プロジェクトは、プロジェクト比重の大きいマトリクス組織になっていると思います。

マトリクス組織に所属すると、報告をする上司は、2人いることもあり得ます。たとえば、海外支店に特命で一定期間派遣されている場合や建設現場に工事の進捗に合わせて業務出張する場合が該当します。担当者は、派遣元の組織長と受入先の組織長の双方に報告する必要が出てくる場合もあります。時には混乱しかねないので、自分の立ち位置やレポート先などは、あらかじめよく確認しておく必要があります。

プロジェクトの歴史

プロジェクトは、身近なものから国家レベルの巨大なものまでいろいろありますが、歴史に残る象徴的な事例を下図に示します。

◉プロジェクトの歴史

有史以前	マンモス狩等戦略的な狩り
BC3世紀〜AC3世紀	ピラミッド建設、 ローマの街道、水道建設 万里の長城、「孫子の兵法」
BC45年	「ユリウス暦」制定
5世紀〜	仁徳天皇陵築造、東大寺創建 等々
20世紀以降	**プロジェクトマネジメント技法**が飛躍的に発展
1942	マンハッタン計画
1950年代	ポラリスミサイルプロジェクト
1969	アポロ計画
2003	はやぶさ打上げ

共同作業の分担から始まり、社会に階級制度が生まれ、暦ができることに合わせて、プロジェクト管理も発展してきました。特に多くの戦争が結果としてプロジェクトマネジメントのノウハウを育ててきました。孫氏の兵法はその典型と思われます。

日本人も、農耕や水害対策から水利の整備や植林を行い、また寺社建築やすぐれた築城などを行ってきました。古くからプロジェクトマネジメントに長けていたと思います。

また、プロジェクトマネジメント技法の変遷について次ページの図に示します。

◉プロジェクトマネジメント技法の変遷

1903	ガントチャートの考案(1917?)
1950年代	PERT、CPMの開発
1960年代	米国防省、EVM採用
1969	PMI設立
1979	ソフトウェア規模評価法　FP法の出現　ISO 9000の開始(ISO TC設立)
1987	PMBOK初版の出版(PMIが発行)
1991	CMM発表　現在のCMMIに発展　同じ頃にSPICEも出現
1995	ISO/IEC 12207(JIS X 0160;SLCP)
2012	ISO 21500(プロジェクトマネジメント)

20世紀はじめに出現したガントチャートは今も使われていますが、このあたりから、プロジェクトの進捗把握が定量的になされ、見える化もされてきたのだろうと思われます。1950年代に確立したPERTは、これがなかったら米国の原子力潜水艦開発もアポロ計画(月への有人飛行計画)も成功はあり得なかっただろうといわれています。

現在では、便利なプロジェクト管理ツールも普及し、シミュレーション技術やCADCAMなど、設計製造技術も飛躍的に発展しているので、プロジェクトの成功率は高まり開発期間は大幅に短縮されてきています。それでもプロジェクトの失敗例は絶えません。未知への挑戦が失敗リスクを大きくすることは当然ですが、当事者のプロジェクトマネジメントの稚拙さも無視できないと思います。リーダーのマネジメントスキルは、まだまだ発展途上にあります。

演習課題①

①親しい友達グループで一泊二日の登山に行く場合を想定して、計画段階で決めるべきことを挙げてみてください。また、登山中の段階におけるリーダーの管理項目を挙げてみてください。

②機能型組織とプロジェクト組織それぞれのメリットとデメリットを挙げてください。

※回答例は194ページを参照してください。

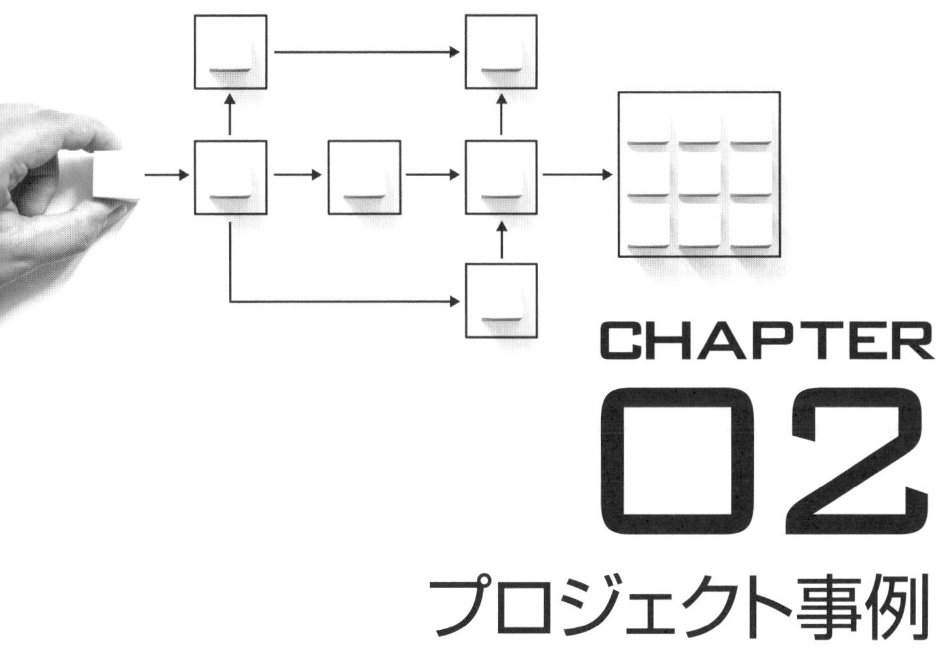

CHAPTER 02
プロジェクト事例

本章の概要

古今東西、多くのプロジェクトが生まれています。多くの成功事例があり、失敗事例は少ないように見えます。しかし実は失敗事例のほうが多いのではないでしょうか。成功はもてはやされ喧伝されますが、失敗事例は伏せられ、記録が少ない傾向にあります。

夢をかなえたい、あるいはビジネスで成功したいと思うなら、まず過去の事例を学ぶことですが、成功事例だけにとらわれず、失敗事例にも目を向けることが大切です。

SECTION-06

事例に学ぶ意義

プロジェクトマネジメントとは、プロジェクト全体を管理することで、目的と期限が設定された計画事業を成功させるための管理手法です。プロジェクトマネジメントの習得には、経験だけでなく、知識や理論も必要です。

経験を積むことで、プロジェクトの課題やトラブルに対応する能力が高まりますが、それだけでは効率的なプロジェクト管理はできません。プロジェクトマネジメントには、目的の明確化、タスクとスケジュール管理、チームマネジメントなどがあります。これらを理解し、実践するためには、プロジェクトマネジメントの基礎知識や手法を学ぶ必要があります。

事例に学ぶことは、プロジェクトマネジメントの習得において有効な方法の1つです。事例に学ぶことで、実際のプロジェクトでどのような課題が発生し、どのように解決したかを短時間、低リスクで習得することができます。また、過去の事例に学ぶことで、これから取り組むプロジェクトに応用できるアイデアやヒントを得ることもできます。

たとえばエジプトの巨大ピラミッドは多くの人手と時間を要し、莫大な費用がかかるにもかかわらず、なぜ数多く造られたのでしょうか。また項羽との戦いで、何度も負け続けた劉邦が最後に勝利したのは、なぜでしょうか。こうした理由を学ぶことは今後のプロジェクトを進めるためのアイデアやヒントとなるでしょう。

成功事例に学ぶ

プロジェクトマネジメントにおいて成功事例を学ぶことは、自分のプロジェクトをより効果的かつ効率的に進めるための役立つ知識やスキルを身に付けることができます。

成功事例の紹介

成功事例をいくつか取り上げて簡単に説明します。

◆ 日産・いすゞに対し後発のトヨタが首位に立った事例

この事例は、戦後の日本自動車産業の発展史における代表的な成功事例です。日産やいすゞは戦前から自動車製造を行っていましたが、トヨタは戦後に本格的に参入しました。しかし、トヨタは独自の生産方式や製品開発を確立し、「リーン」と呼ばれる無駄の排除と改善の継続を徹底しました。また、海外市場への進出や新興国市場への対応も積極的に行いました。

こうした取り組みにより、トヨタは国内外で高いシェアと評価を獲得しています。

◆ サムスンの成功事例

この事例は、韓国最大の企業グループであるサムスンが後発にもかかわらずグローバル競争力を高めた成功事例です。サムスンは1993年、「新経営」と呼ばれる大改革を断行し、日本の物まねから脱却しました。その中核となったのが、人材育成（パーソナルイノベーション）、製品開発（プロダクトイノベーション）、開発・生産プロセス（プロセスイノベーション）の3つのイノベーションです。

1997年のIMF危機以降、サムスンは新興国市場に注力し、低価格な製品を提供しました。また、半導体や液晶などの先端技術にも投資しました。これらの取り組みにより、サムスンは世界最大の電子機器メーカーに成長しています。

◆ ファンケルの成功事例

この事例は、化粧品メーカーであるファンケルが「無添加化粧品」を開発し、市場を開拓した成功事例です。ファンケルは1981年に設立されましたが、当時の化粧品市場は既存の大手メーカーが支配しており、競争が激しい状況でした。ベンチャー企業が割り込む余地はないと思われていました。

しかし、ファンケルは、大手が対象としていなかった化粧品アレルギーに悩む、ごく少数の顧客に焦点を当てました。顧客の抱える不安や不満を調べ上げ、それを解消するため、「無添加化粧品」を開発しました。無添加化粧品とは、防腐剤や香料などの添加物を一切使用しない化粧品です。ファンケルはこのコンセプトをベースに、自社で研究・開発・生産・販売を行いました。また、お客さまとのコミュニケーションや教育にも力を入れました。

これらの取り組みが評価され、ファンケルは「無添加化粧品」を足掛かりに、多くの顧客から支持されています。

◆ 関東大震災後の復興事例

この事例は、1923年に関東地方を襲った関東大震災による甚大な被害からの復興事例です。関東大震災では、地震や火災により約14万人が死亡し、約38万戸が全半壊しました。特に東京都や神奈川県では被害が甚大でした。

しかし、総理大臣直属の帝都復興院を設立し、後藤新平総裁のもと近代的な都市計画を策定し、迅速に復興を進め、道路や公園などのインフラ整備や住宅再建などの事業を行いました。また、民間も復興への協力や寄付などを行いました。

これらの取り組みにより、関東地方は都市機能や経済活動を回復させ、近代的な都市へと再生しています。

◆ 名古屋市･仙台市の戦後復興事例

この事例は、第二次世界大戦中に空襲による被害を受けた名古屋市と仙台市が戦後に復興した事例です。目標設定を始め、各取り組みを紹介します。

- 目標設定：名古屋市と仙台市は、戦後の復興計画を策定し、100年後を見据え、都市機能、経済活動の回復や近代化を目指しました。また、防災や環境などの課題にも対応しました。
- スコープ管理：名古屋市と仙台市は、復興計画に基づいて、道路や公園などの都市基盤の整備や住宅再建などの事業を実施しました。また、工業や電子機器などの産業振興や新エネルギー開発などの事業も行いました。
- リスク管理：名古屋市と仙台市は、戦争や災害による被害から学び、防災集団移転事業や防災環境都市づくりなどに取り組みました。また、復興特区制度や復興交付金事業などを活用して、資金調達や規制緩和などの支援を受けました。
- チームビルディング：名古屋市と仙台市は、政府や自治体だけでなく、民間企業や住民団体などとも協力して復興事業を進めました。また、戦災復興記念館などを建設して、被災者や関係者の声などの記録を保存し、平和への誓いを伝える役目を果たしました。
- コミュニケーション：名古屋市と仙台市は、復興計画や事業の進捗状況などを公表し、住民や関係者との情報共有や意見交換を行いました。また、復興事業の成果や効果などを報告し、評価やフィードバックを受けました。
- イノベーション：名古屋市と仙台市は、戦後の変化する社会や市場に対応するために、新たな技術や製品を開発し、新たなビジネスモデルやサービスを提供しました。また、環境問題にも取り組み、省エネ・新エネプロジェクトなどを実施しました。

成功事例のまとめ

プロジェクトマネジメントでの成功事例のまとめとして、次のような要素が挙げられます。

◆リーダーのマネジメント力(人間力)

プロジェクトの目的や方向性を明確にし、メンバーの意見や要望を積極的に聞き入れ、調整や協調を促進することで、プロジェクトの進捗や品質を向上させることができます。また、全体を有機的に機能させ、プロジェクトに必要な人材を適切に配置し、能力や特性を活かすなど、プロジェクトの効率や効果を自律的に高めることができます。

◆早い段階の一貫性のある基本方針策定

プロジェクトの背景や目標、期限、予算などを事前に整理し、メンバーに共有することで、プロジェクトの方向性や責任範囲を明確にし、誤解や摩擦を防いでいます。特に将来の方向を見据えた目標設定を行い、メンバーのやる気を引き出し、チームの方向性を揃えます。

◆客観的な分析能力が高いこと

プロジェクトの現現状や問題点、改善点などを客観的に把握し、分析し、提案することで、プロジェクトの改善策や対策を立案し実行しています。

失敗事例に学ぶ

一般的に成功事例以上に失敗事例も多いのですが、失敗事例は恥と思われがちで詳細な経緯が開示されていないことが多々あります。そのため、社内や関係者の中で客観的な共有がなされていません。失敗事例に学ぶことは、七転び八起きのチャレンジ精神を高め、客観的、科学的に事例を分析することによりプロジェクトマネジメントの深みを増すことができます。

失敗事例の紹介

失敗事例をいくつか取り上げて簡単に説明します。

◆失敗事例その1

1996年6月4日に行われたアリアン5の最初の飛行は、コンピュータプログラムのバグにより打ち上げ37秒後に爆発し、失敗に終わりました。

◉アリアン5型ロケット1号機の打ち上げ直後の爆発(1996年6月4日)

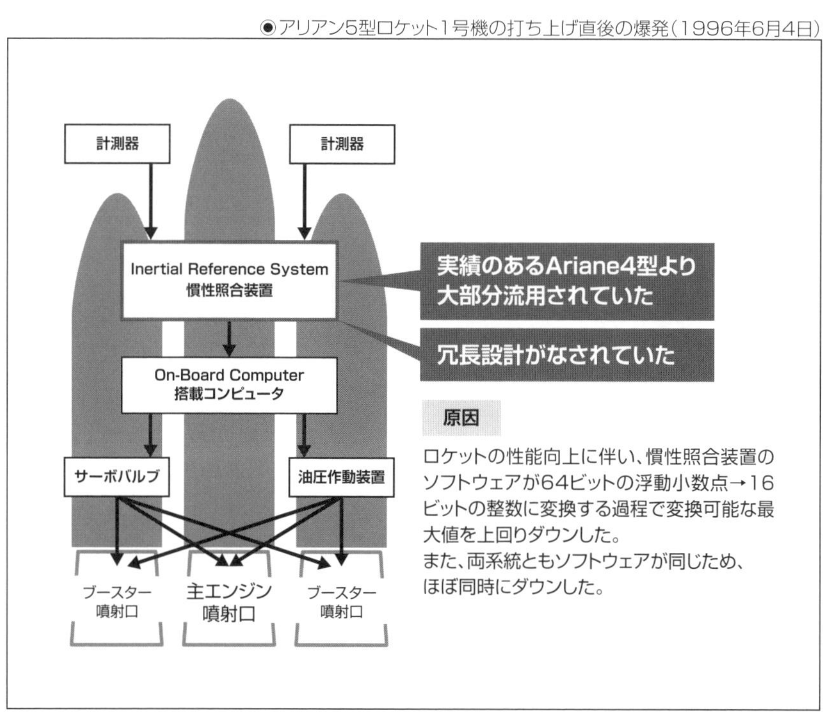

これは歴史上でも最も高い代償を支払うことになったバグの1つであり、後に64ビットの浮動小数点数を16ビットの整数に変換する過程で起きたものと判明しました。この爆発は、ロケットの第1段と第2段のエンジンを損傷させ、第2段のフェアリングが破壊されました。設計の早い段階で、ソフトウェアに詳しい技術者も入れてリスク評価をすべきでした。試験が不要かどうかの判断は、実績あるアリアン4からの変更点を細目まで調べた上で、ジャッジすべきでした。

◆失敗事例その2

非常用ドアコックは、車両火災発生時などに乗客が乗降できるようにした装置です。

●非常用ドアコックの改善事例

非常用ドアコックの改善事例(問題が変化していく)
① 1950年頃までは乗務員用だけだった。 ➡ 車両火災発生時、乗客が閉じ込められたままとなった
② 乗客が操作できるよう車内に「非常用ドアコック」を設置 ➡ 常磐線三河島事故の発生
③ 事故が起きたら付近の電車も止めることに ➡ 北陸トンネル車両火災事故の発生
④ トンネル内の列車火災発生時は列車を止めないことに ➡ 北陸トンネル車両火災事故の発生

旧型車両：ドア横の座席の下 …… 見落としやすい
新型車両：ドア横の座席の上 …… 見落としは減ったが目立つようになったため、走行中でも非常用ドアコックを操作できてしまうことがある

非常用ドアコックは1950年ごろまでは乗務員用だけでした(①)。車両火災発生時に乗客が閉じ込められたままとなることが起き、乗客が操作できるように車内に非常用ドアコックが設置されました(②)。

常磐線三河島事故では乗客の多くが近くの非常用ドアコックで扉を開け、上り線側の線路に降り、三河島駅に向かって線路上を歩き始めたことで、上り電車に次々とはねられ、死者160名、負傷者296名という多くの犠牲者を出すことになりました。そこで車両事故の際は付近の電車も止めることになりました(③)。

北陸トンネル車両火災事故が起きたとき、トンネル内で車両を止めたところ、猛煙が充満し救助作業が難航しました。その後「直ちに停車する」という運転規程を「トンネル内火災時は停車せずトンネルを脱出する」に改めました(④)。

◆ 失敗事例その3

ロープウェイのゴンドラが壁に衝突した失敗事例については、1992年北八ケ岳連峰横岳で起きた事例があります。

●ロープウェイのゴンドラが壁に衝突した事例

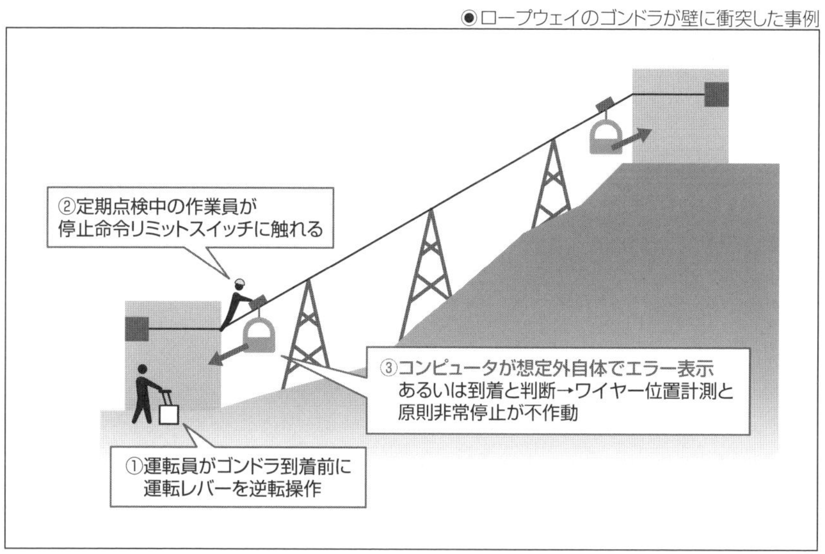

ピタラス横岳のロープウェイでコンピュータ制御のゴンドラが山頂・山ろく両駅で停止せず、壁に衝突しました。運転レバーの切り替えミスと、作業員の停止指令リミットスイッチへの誤接触が原因でした。観光客ら70人が重軽傷を負いました[1]。

[1]：『失敗百選 ～ロープウェイのゴンドラが壁に衝突～』より引用

◆ 失敗事例その4

2010年2月に米国にてプリウスのブレーキシステムに不具合があるとしてリコールした失敗事例について紹介します(2010年3月5日の朝日新聞3面他にも掲載されました)。なお、この事例は米国で厳しい非難にさらされましたが、誤解による誹謗中傷の拡散も含まれていました。

リコールの原因は、プリウスのアンチロックブレーキシステム(ABS)の制御ソフトウェアのロジックが、日本の道路を考慮して作られており、米国の感覚と合わなかったと指摘されています。

リコールの対象は、2009年5月から2010年1月までに販売された3代目プリウスなどのハイブリッド車で、国内外で計43万7000台に及びました。トヨタは、リコール対策として、ABSの制御ソフトウェアを更新することを発表しました。

リコールの影響としては、プリウスの安全性や信頼性に対する消費者の不信感や不満を招きました。また、トヨタの危機管理能力や品質管理体制にも疑問が投げかけられました。トヨタは、この問題に対する対応の遅れを批判されました。

リコールの教訓としては、トヨタが自社の技術力や市場を過信していたことや、顧客の声や苦情への向き合い方に改善の余地があることが明らかになりました。トヨタは、この事例を機に、品質管理体制や安全技術の向上に努めるとともに、マーケットへの発信力強化や信頼回復に取り組む必要性に迫られました。

◆ 失敗事例その5

みずほフィナンシャルグループの大規模システム障害(2002年)について、紹介します。

この障害は、旧第一勧業銀行、旧富士銀行、旧日本興業銀行が合併して誕生したみずほ銀行とみずほコーポレート銀行が営業を開始した2002年4月1日に発生しました。

この障害の原因は、旧三行のシステムを一本化することができず、継ぎ足し的に開発した対外接続系システムにプログラムのバグや設計上の欠陥があったことや、十分なシステム稼働テストができなかったことにあります。

この障害の影響は、ATMやインターネットバンキングが使えなくなったり、口座振替や送金が遅延したり、二重引き落としが発生するなど、顧客や取引先に多大な迷惑をかけました。また、みずほの経営陣やシステム担当者は国会や金融庁から厳しく追及されました。

この障害の教訓としては、システム統合や刷新にあたっては十分な時間、予算と人員を確保することや、システムの安全性や信頼性を確保するために入念なテストやリスク管理を行うことが重要であるということです。また、システムの問題に対しては迅速かつ適切に対応し、顧客や社会に対して誠実に説明することが必要です。

◉みずほフィナンシャルグループの大規模システム障害(2002年)

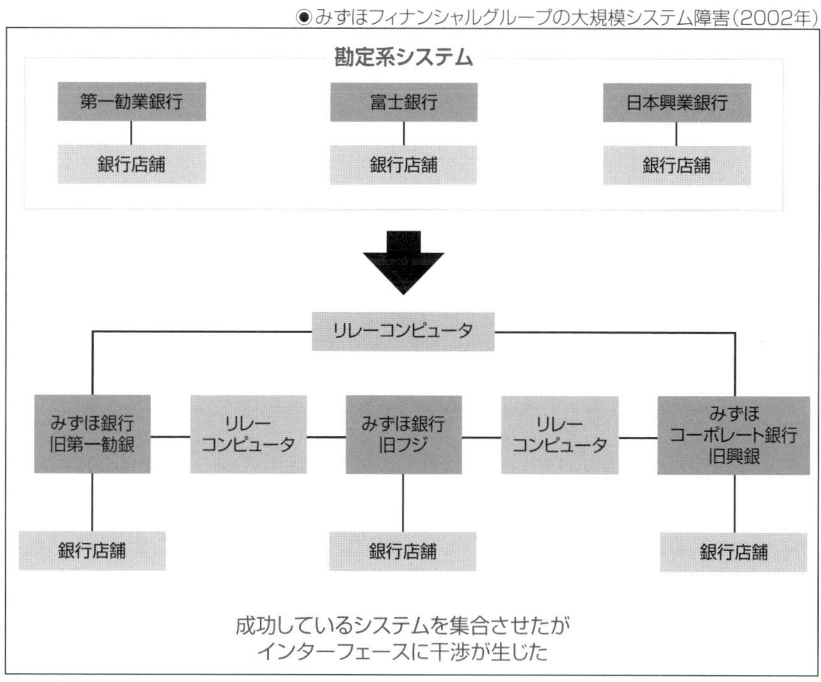

※出典:「システム統合の概要」(失敗学会)

◆失敗事例その6

2011年の自動車ハッキング実験について、紹介します。

この実験は、米国の研究者が行ったもので、自動車の診断・メンテナンス用ポートに通信機を接続したノートPCを使って、いくつかの車種で自動車のさまざまな機能を運転者の操作と無関係に遠隔操作することに成功しました。

この実験で確認したのは、エンジンのオン/オフ、ホーンの鳴らし方、スピードメーターの表示、ブレーキの作動、ステアリングの操作などでした。自動車の内部ネットワークに侵入することができ、自動車に搭載されたカメラやマイクを用いて運転手の姿や声を確認、盗聴することもできました。

この実験により、自動車がサイバー攻撃に対して脆弱であること、サイバー攻撃による事故や被害になる可能性があることも明らかになりました。

◆失敗事例その7

Stuxnetの脅威について紹介します。

Stuxnetは、2010年に発見された特殊なコンピュータウイルスで、Windowsの脆弱性を利用して感染し、産業用制御システムだけを標的にしました。このウイルスは、イランの核施設の遠心分離機を変調することに成功したサイバー攻撃の歴史に残る事例です。Stuxnetの脅威は、次のような点にあります。

インターネットに接続していないシステムにも感染するStuxnetは、USBメモリなどのリムーバブルメディアを経由して感染するものでした。これにより、インターネットから隔離された重要なシステムも攻撃の対象となりうることが明らかになりました。

特定の標的を巧妙に探索するStuxnetは、自己増殖しながらネットワークを探索し、特定の条件に一致するシステムを見つけると攻撃を開始します。その条件とは、ドイツのシーメンス社製の産業用制御システムであり、イランの核施設で利用されていたものでした。

物理的な破壊を引き起こす可能性のあるStuxnetは、産業用制御システムを乗っ取り、遠心分離機の回転速度を不規則に変化させることで、遠心分離効果を低下させました。この攻撃は、施設エンジニアに気づかれずに実行されました。

Stuxnetは、サイバー攻撃が物理的な被害や国家間の紛争につながる可能性があることを示した恐ろしい事例です。このような攻撃に対抗するためには、セキュリティ対策ソフトの導入や脆弱性を除去するだけでなく、リムーバブルメディアの使用制限や重要インフラの多様な保護などの継続的な対策が必要です。

SECTION-09

プロジェクト成功の鍵のまとめ

プロジェクト成功の鍵について、下記にまとめます。

プロジェクトマネジメントの基本を理解すること

プロジェクトマネジメントとは、プロジェクトの目標を達成するために、スケジュールやコスト、品質などを管理することです。プロジェクトマネジメントの基本を理解することにより、プロジェクトの計画や実行、評価などを効率的に行うことができます。プロジェクトマネジメントの基本には、次のようなものがあります。

- プロジェクトの目的や範囲、成果物を明確に定義する
- プロジェクトのスケジュールや予算、リスクなどを見積もり、管理する
- プロジェクトの品質や進捗状況を測定し、改善する
- プロジェクトメンバーやステークホルダーとのコミュニケーションや協力を促進する

これらの基本を理解し、実践することにより、プロジェクトを成功に導くことができます。

先人の失敗事例に学ぶこと(1つ先を読む努力をすること)

プロジェクトは多くの不確実性や変化に満ちており、失敗する可能性が高いです。そのため、先人の失敗事例に学び、自分達のプロジェクトに適用できる教訓や対策を見つけることが重要です。失敗事例に学ぶことで、次のようなメリットがあります。

- 失敗の原因や影響を分析し、自分達のプロジェクトに同種の問題が起きないように予防することができる
- 失敗から得られた知見やノウハウを活用し、自分達のプロジェクトの品質や効率を向上させることができる
- 失敗に対する恐怖心や否定的な感情を抑え、失敗から学ぶ姿勢やチャレンジ精神を育てることができる

また、日ごろから1つ先を読む努力をすることも大切です。1つ先を読むとは、現在の状況だけでなく、将来的な状況や影響も考えることです。1つ先を読む努力をすることで、次のようなメリットがあります。

- プロジェクトの目標や方向性に対して一貫したビジョンを持つことができる
- プロジェクトに関わるさまざまな要素や関係者のニーズや期待値を把握し、適切に対応することができる
- プロジェクトに影響を与える可能性のある変化やリスクに早く気づき、対策や回避策を立てることができる

これらの努力により、プロジェクトの分析力を高め、失敗を回避することができます。

成功事例を参考にすること

プロジェクトの成功事例を参考にすることも、プロジェクト成功の鍵の1つです。成功事例には、プロジェクトの目標や成果物、スケジュールや予算、品質やリスクなどの管理方法やツール、チームワークやコミュニケーションなどの要素が含まれています。成功事例を参考にすることは、次のようなメリットがあります。

- プロジェクトの目標や成果物に対して具体的なイメージを持つことができる
- プロジェクトの管理方法やツールを選択し、効果的に活用することができる
- チームワークやコミュニケーションを円滑にするためのヒントやノウハウを得ることができる

もちろん、成功事例をそのまま適用するのではなく、自分達のプロジェクトに合わせてカスタマイズする必要があります。しかし、成功事例を参考にすることにより、プロジェクトの成功確率を高めることができます。

複数要因が重なることでの事故発生について

最後に成功に至るまでに複数の要因が重なることで事故につながるリーズンのスイスチーズモデルについて、紹介します。

スイスチーズモデルとは、イギリスの心理学者であるジェームズ・リーズンが提唱した事故モデルです。このモデルは、事故は単独で発生するのではなく、複数の要因が重なって発生すると考えられています。

このモデルでは、事故を防ぐためには、さまざまな防護壁を設ける必要があります。防護壁とは、物理的な対策や知識的な対策、組織的な対策など、事故の発生を阻止するための安全対策のことです。

しかし、防護壁には必ず穴があります。穴とは、防護壁の欠陥や不備、ヒューマンエラーなど、事故の発生につながる脆弱性のことです。この穴をスイスチーズの穴にたとえて、このモデルは名付けられています。

事故が発生するのは、防護壁の穴が偶然にも一直線に並んだときです。このとき、危険が防護壁の穴をすり抜け、最終的に事故に至ります。このようにして、事故はさまざまな複数要因の重複によって引き起こされることがわかります。

◉リーズンのスイスチーズモデル

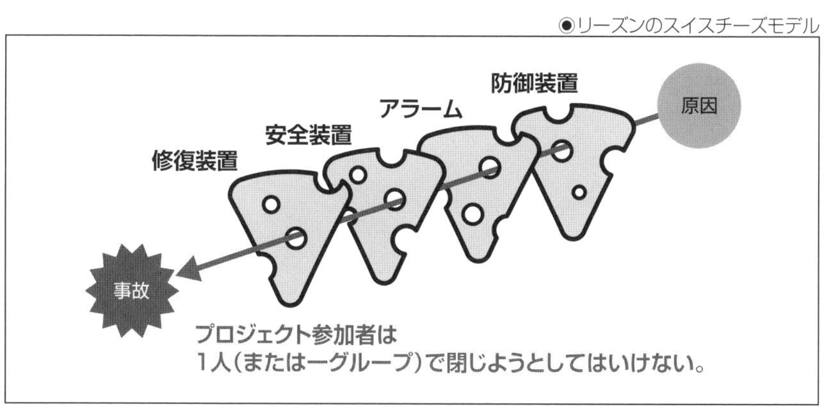

スイスチーズモデルは、事故を防ぐためには、次のような対策が必要であることを示しています。

- 防護壁の穴をできるだけ小さくすること
- 防護壁をできるだけ多く重ねること
- 防護壁の穴の位置をずらすこと
- 防護壁の穴を見つけて修正すること

SECTION-10

演習課題②

①スイスチーズモデルを念頭に事例を探して複数の対策を考えてみてください。

②項羽と劉邦の戦いで、何度も負け続けた劉邦が最後に勝利したのはなぜか理由を考えてください。

※回答例は196ページを参照してください。

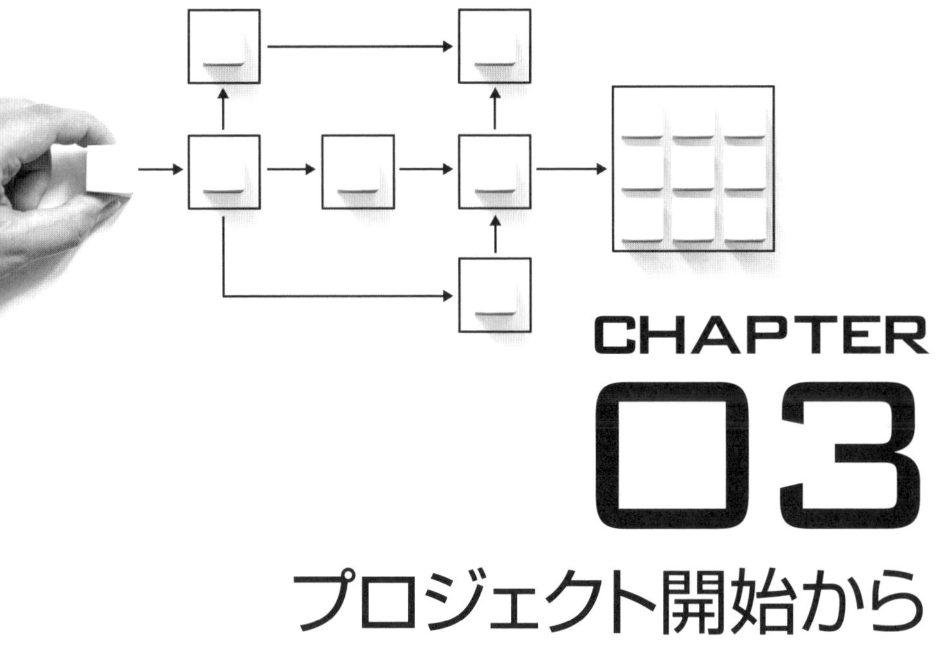

CHAPTER 03
プロジェクト開始から完了まで

本章の概要

　プロジェクトは人が創り出すもので、ある種の生き物のように成長・変化します。
　そのライフサイクルがどのように変化するかといった見通しを持った上で、プロジェクトのリスクの把握と管理技法の理解を深めていきます。

SECTION-11

プロジェクトライフサイクル

プロジェクトライフサイクルとは、プロジェクトが開始されてから完了に至るまでに経由する一連のフェーズのことです。

プロジェクト実施の前に

プロジェクトの実施にあたり、市場の調査、現状認識を行い、実現の可能性などを検討します。実現の可能性がありそうであれば次のフェーズに進みます。

●プロジェクトの実施に向けて

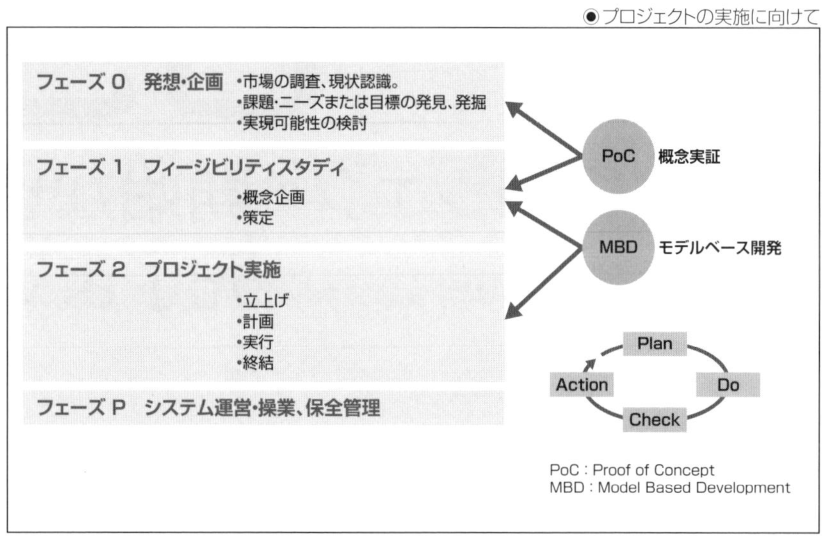

◆ フィージビリティスタディ

プロジェクトの実現可能性や採算性を調査します。プロジェクトの目的や範囲、費用や収益、リスクや利益などを評価し、プロジェクトを進めるかどうかの判断材料を提供します。

◆ プロジェクトの実施

プロジェクトの計画に基づいて、具体的な作業を行います。チームメンバーを確保し、タスクを割り当てて進捗を管理します。また、品質やリスク、変更などを監視し、必要に応じて対策を行います。

プロジェクトライフサイクルとは

プロジェクトが開始されてから完了に至るまでの一連のフェーズのことです。プロジェクトライフサイクルには、さまざまな種類やフェーズがありますが、一般的には次の4つのフェーズに分けられます。

1. 立ち上げ
2. 計画
3. 実行
4. 終結

◆立ち上げ

プロジェクトの目的や目標、要件、成果物を定義し、グループリーダーやプロジェクトマネージャーを任命します。プロジェクトに関わる利害関係者の承認を得て、プロジェクトをスタートします。

◆計画

プロジェクトに関係するすべての要素を洗い出し、一連の作業の詳細を示すアウトラインを定義します。成果物や戦略的目標の範囲、リソースやリスクの管理、スケジュールやコミュニケーションツールなどを設定します。

◆実行

キックオフミーティングから始まり、計画に沿って各メンバーがタスクを実行します。メンバー同士は定期的に進捗状況を報告し合い、問題や変更に対応します。

◆終結

成果物の最終確認をし、プロジェクトの引き渡しを行います。プロジェクト振り返りやまとめ、分析なども行い、次回のプロジェクトにつなげる課題を抽出します。

各段階の業務は重なり合いながら進行することが多いです。

◉各段階の業務量

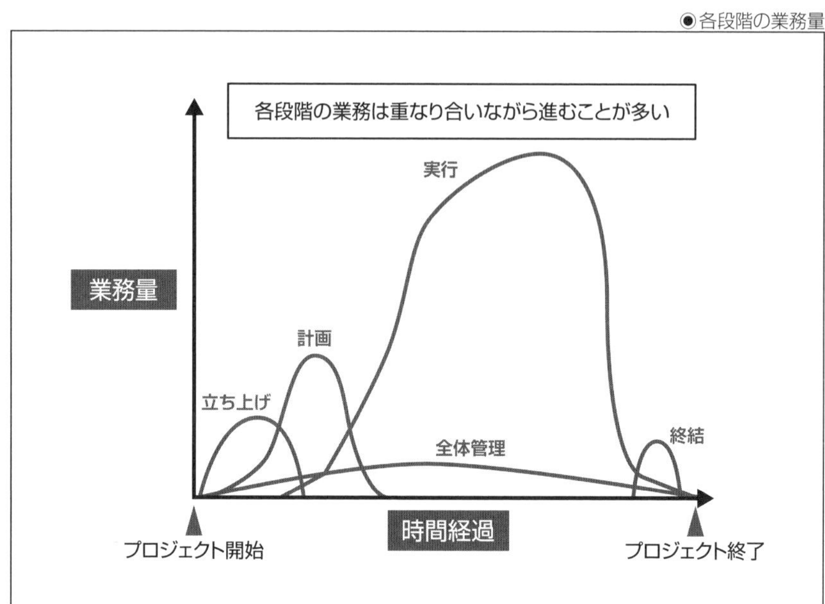

風力発電プラントでの事例

風力発電プラントでの事例で説明します。

風力発電は、風の運動エネルギーを風車(風力タービン)により回転エネルギーに変え、その回転を直接、または増速機を経た後に発電機に伝送し、電気エネルギーへ変換する発電システムです。

また、風力発電は、基礎工事が行われた上にタワーが設置され、タワー上にナセルとブレードが組上げられます。 ナセルの中には、増速機や発電機、ブレーキ装置、ローター軸、発電機軸、インバーター、変圧器などが格納されており、ブレードはハブによってローター軸に連結しています。

風力発電プラントの実現のためには、大きく分けて次の3つのフェーズがあります。

◆フェーズ① 企画・調査(適地選定)

風力発電所建設に適した場所を探します。風況が良く、発電所の建設予定地までのアクセスに問題がなく、送電線までの距離が近い地域を選びます。

◆フェーズ② 地元説明・許認可

候補地が決定したら、地元自治体との間で必要な手続きや許認可について協議を始めます。

また、環境影響評価を行い、発電所建設が周囲の環境に及ぼす影響を調査します。

◆フェーズ③ 設計・建設

安全を確保しながら風力発電所の建設工事を行います。また風車部品の輸送には特殊車両を使用し、大型クレーンを使った高所での組み立て作業を行います。

施工フローは下図のようになります。

●風力発電プラントの事例

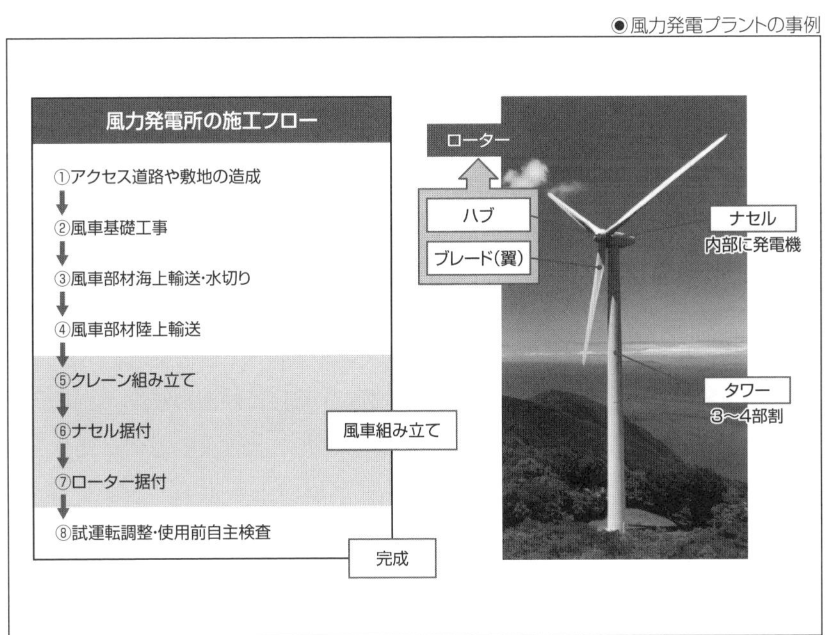

製品開発のライフサイクル

製品開発のライフサイクルとは、製品のアイデアから市場に投入するまでの一連のプロセスのことです。

●製品開発のライフサイクル

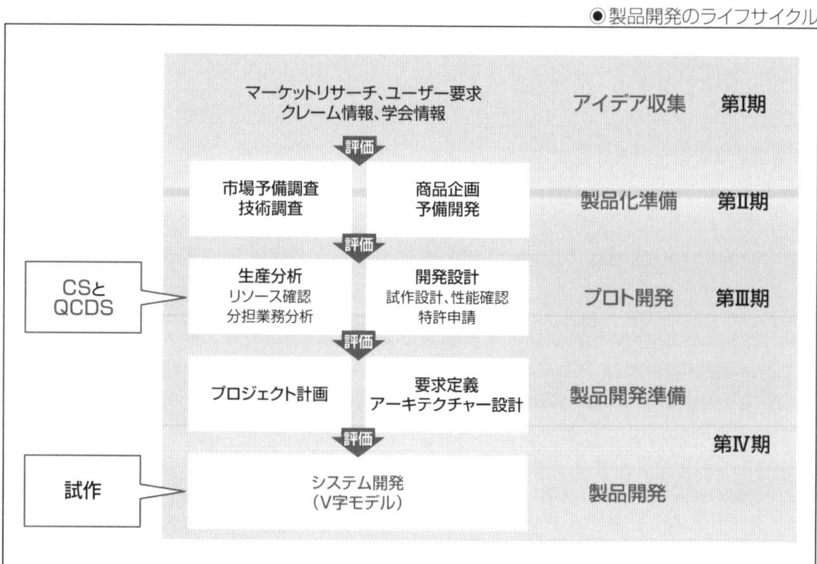

製品開発のライフサイクルの5つのフェーズ

製品開発のライフサイクルには、さまざまなモデルがありますが、一般的には次の5つのフェーズに分けられます。

1 アイデア収集
2 製品化準備
3 プロトタイプ開発
4 製品開発準備
5 製品開発

◆アイデア収集

製品のコンセプトを考えます。市場ニーズや競合分析、顧客価値などを調査し、製品の目的や機能を明確にします。

◆ 製品化準備

製品の定義や計画を行います。ビジネス分析や成果指標、マーケティング戦略などを策定し、製品ロードマップを作成します。

◆ プロトタイプ開発

製品の最小限の機能を持つ試作品を作ります。プロトタイプを開発し、テストやフィードバックを行いながら改善していきます。

◆ 製品開発準備

製品の最終的な仕様やデザインを決めます。プロトタイプの改善や検証を行い、製品の品質や安全性を確保します。

◆ 製品開発

製品の本格的な開発や生産を行います。製造コストや工程管理、在庫管理などを行い、製品を市場に投入します。

「RFI」「RFP」「RFQ」とは

製品開発のライフサイクルで製品開発とサプライヤーに関する関係は下図のようになります。

◉製品開発とサプライヤーの関わり

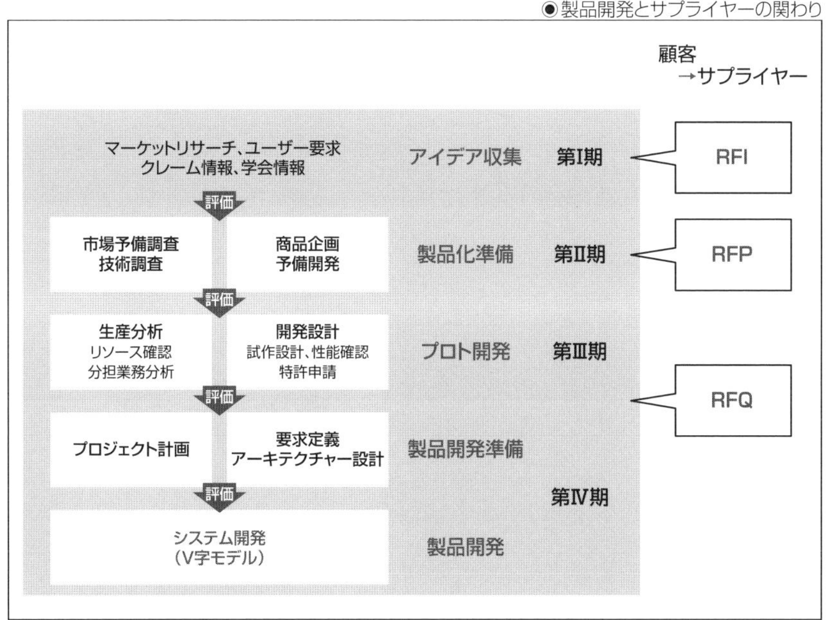

RFI、RFP、RFQとは、次のような意味です。

用語	説明
RFI(Request For Information)	情報提供依頼とも呼ばれ、市場調査やサプライヤー選定のために、技術情報や製品情報などの提供を複数のサプライヤーに依頼する文書
RFP(Request For Proposal)	提案依頼とも呼ばれ、発注先を選定するために、具体的なシステムの要件や制約条件などを複数のサプライヤーに依頼する文書
RFQ(Request For Quotation)	見積依頼とも呼ばれ、価格や納期などを交渉するために、最終的に選定したサプライヤーに依頼する文書

これらの文書は、製品開発のライフサイクルの中で、プロジェクトの計画や実行の前に作成されます。RFIやRFPは、市場の状況やサプライヤーの能力を把握し、最適なパートナーを見つけるために役立ちます。またRFQは、入札実施や契約条件を確定するために役立ちます。

SECTION-13

ソフトウェア開発のライフサイクル

ソフトウェアシステムの業務プロセスとは、ソフトウェアの開発や運用に関わる一連の活動のことです。ソフトウェアシステムの業務プロセスには、さまざまなモデルや手法がありますが、一般的には次のようなフェーズで進められます。

●ソフトウェアシステムの業務プロセス（基本的な流れ）

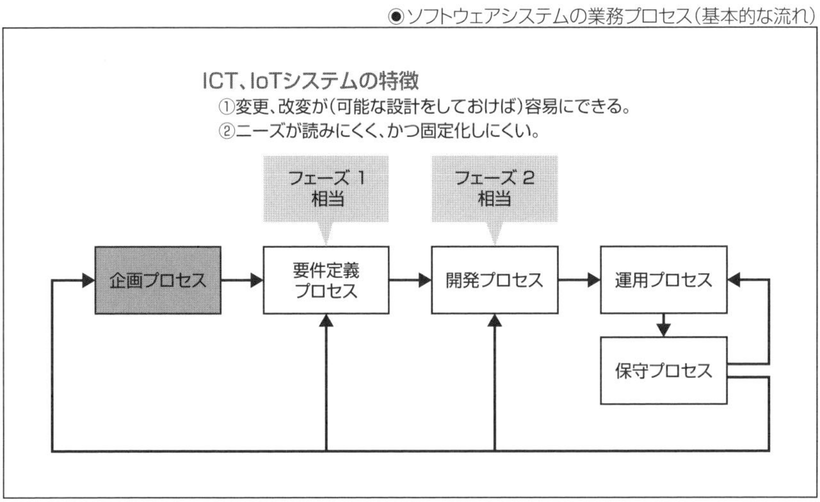

企画プロセス、要件定義プロセス

ソフトウェアの目的や機能、性能などを明確にします。ユーザーやクライアントからの要望やニーズをヒアリングし、要件仕様書などの文書を作成します。

開発プロセス

ソフトウェアの構造や仕様を決めます。外部設計では、ユーザーが見る画面や操作方法などを決めます。内部設計では、プログラムの構成やデータベースの設計などを行います。

設計に基づいて、プログラムを作成します。プログラミング言語や開発環境などを選択し、コーディングやデバッグを行います。

開発したソフトウェアが正しく動作するかを検証します。単体テストでは、個々のプログラムが正しく動くかをチェックします。結合テストでは、複数のプログラムが連携して動くかをチェックします。システムテストでは、全体的な機能や性能を確認します。

運用プロセス、保守プロセス

テストで問題がなければ、ソフトウェアをユーザーやクライアントに引き渡します。リリースでは、インストールや設定などを行います。運用保守では、ソフトウェアの使用状況や問題点を監視し、必要に応じて修正や改善を行います。

SECTION-14

SLCP(Software Life Cycle Process)

SLCP(Software Life Cycle Process)とは、ソフトウェアの開発から運用・保守に至るまでの工程全体のことで、下図の通りです。

●SLCPの一例

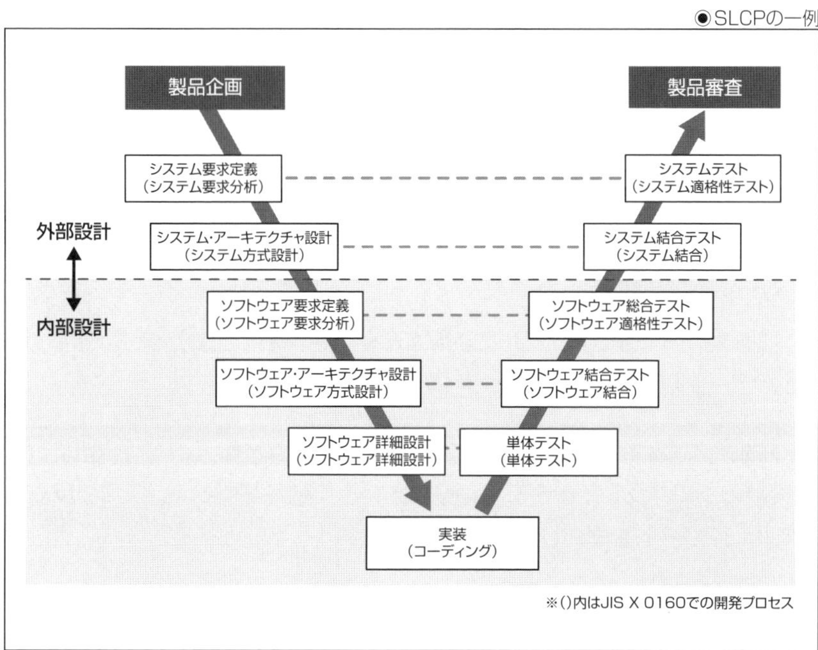

V字モデルとは、ソフトウェア開発の開始から終了までの流れを表したモデルです。V字モデルは、左側が開発工程、右側がテスト工程を示しており、それぞれの工程が対応しています。

V字モデルの各工程は、下記のようになります。

システム要求定義

ソフトウェアシステムの目的や要件を明確に定義します。ユーザーからの要望をヒアリングし、業務要件や機能要件、非機能要件を洗い出します。

システムアーキテクチャ設計

システム全体の構造やコンポーネントの配置を設計します。システムのモジュール性や拡張性を考慮し、ハードウェアとソフトウェアのインタフェースを定義します。

ソフトウェア要求定義

システム要件をソフトウェアの視点で詳細に分解し、ソフトウェア要件を定義します。機能要件や性能要件、セキュリティ要件などを明確にします。

ソフトウェアアーキテクチャ設計

ソフトウェアの内部構造やモジュールの関係を設計します。ソフトウェアのレイヤー、コンポーネント、データベース設計などを行います。

ソフトウェア詳細設計

ソフトウェアの各モジュールの内部ロジックを詳細に設計します。アルゴリズム、データ構造、インタフェースなどを具体的に定義します。

実装

実際のプログラムを書きます。設計された仕様に基づいて、プログラム言語を用いてコードを記述します。

単体テスト

個々のプログラムが正しく動作するかを検証します。詳細設計で設計された内容通りになっているかテストします。

ソフトウェア結合テスト、総合テスト

複数のプログラムが連携して動作するかを検証します。基本設計で設計された内容が実現されているかテストします。

システム結合、システムテスト

システム全体の機能や性能を検証します。要求定義で定義された内容が実現されているかテストします。

SPL(Software Product Line)

SPL(Software Product Line)とは、特定の市場や目的に向けて、共通のコア資産から作られるソフトウェアシステムの開発体系です。

◉ソフトウェアシステムの開発体系

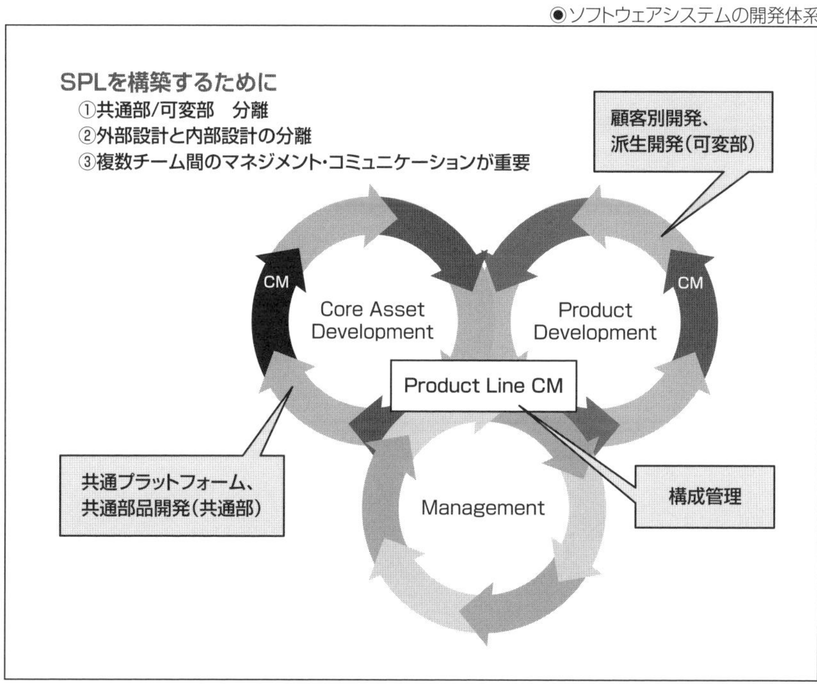

SPLでは、製品群の共通部[1]と可変部[2]を分離し、可変部はDSL(Domain Specific Language)というあえて記述制約を設けた特定製品に特化した簡易言語で記述します。再利用可能なものは、コア資産として部品化して構築します。その後、コア資産から各製品を導出し、ユーザー固有機能を可変部として付加カスタマイズすることで、開発効率や品質を向上させます。

共通部は部品化することによりプログラム作成の工程が不要となります。可変部はDSL記述によりプログラム作成の工程が簡素化され、単体試験も大幅に効率化されます。

[1]：部品化することでプログラムの開発期間を短縮できる。
[2]：DSL記述でプログラム作成過程が簡素化でき、単体テストの効率化が図れる。

SPLを導入した場合のSLCPが下図です。

●業務プロセスの改善例(SPLを導入したSLCP)

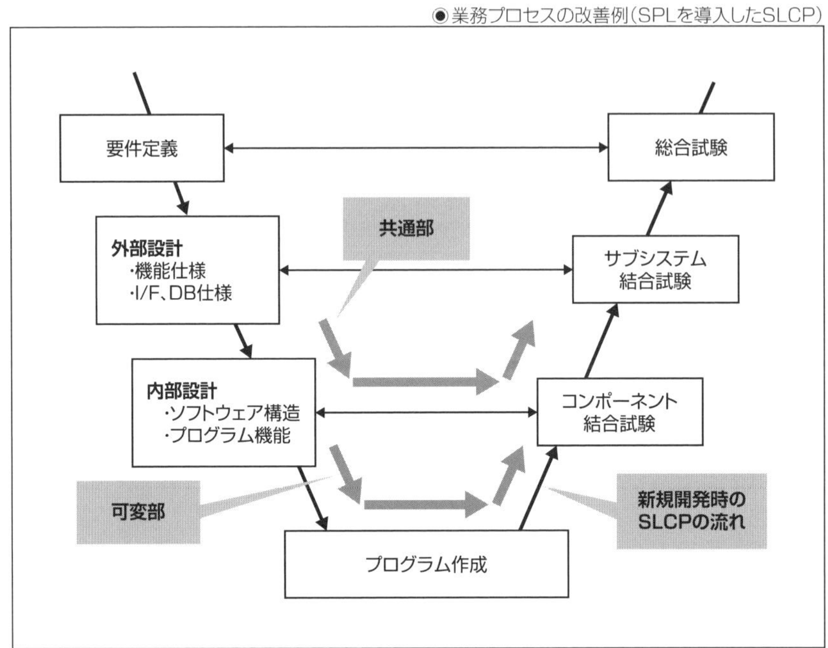

SPL導入のメリット

SPL導入のメリットは、下記のようなものがあります。

◆開発コストの削減

コア資産の再利用により、新規開発や変更開発のサイクル・工数を減らすことができます。

◆開発時間の短縮

コア資産のバージョン管理や製品導出の仕組みから、開発サイクルを大幅に短くすることができます。

◆品質の向上

コア資産のテストや検証を省力化できるため、カスタマイズ部分の検証に注力でき、製品の品質を大幅に向上することができます。

◆顧客満足の向上

顧客のニーズに応える製品を柔軟に提供することができます。

SPLの導入時の注意点

また、SPLの導入には、下記のような注意が必要です。

◆コア資産の設計と管理

コア資産は、製品群の大多数の製品に適用できるように、可変性や再利用性を考慮して設計しなければなりません。また、コア資産のバージョンや依存関係を管理することも必要です。

◆開発プロセスや組織の管理

SPLでは、従来の製品開発とは異なる開発プロセスや組織構造となります。たとえば、コア資産の開発と製品の導出のために、ドメインエンジニアリングとアプリケーションエンジニアリングという2つの重要な活動を協調させる必要があります。

◆開発者のスキルやノウハウの不足

SPLでは、コア資産の設計や導出のために、高度なスキルやノウハウを持った開発者が必要です。一方でカスタマイズ部分はソフトウェアのスキルを必要としませんが、顧客サイドの業界知識は必要となります。

SECTION-16

ソフトウェア開発のコスト（要員数）の変動例

ソフトウェア開発のコスト（要員数）の変動例は、次の通りです。なお、要員数は、一般的な目安です。実際の要員数はプロジェクトの特性により変動します。

◉ソフトウェア開発のコスト（要員数）の変動例

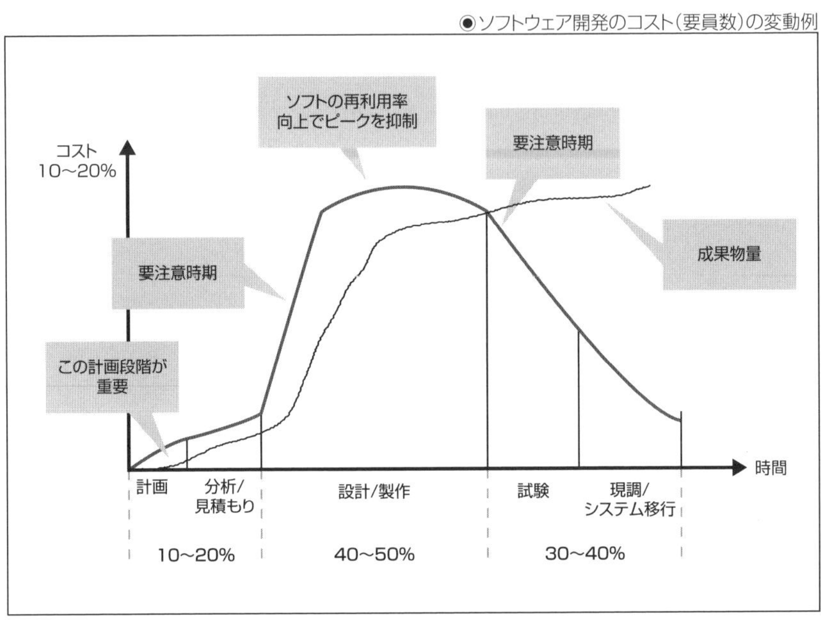

この山の面積が人件費にあたります。人の投入や納品のタイミングを考え、山の面積が小さくなるように管理していく必要があります。

計画・分析/見積もり

ソフトウェアの目的や機能、性能などを明確にするため、要員数は10〜20%必要です。

設計/製作

ソフトウェアの構造や仕様を詳細に決めるため、要員数は変動します。

設計に基づいて、プログラムを作成します。ソフトの再利用率向上でピークを抑制することができます。この設計/製作段階で要員数は40〜50%が必要です。

試験・現調/システム移行

開発したソフトウェアが正しく動作するかを検証するため、要員数は変動します。

試験で問題がなければ、ソフトウェアをユーザーやクライアントに引き渡します。この試験から現調(現場調整)、システム移行段階までで、要員数は30～40%が必要です。

SECTION-17

演習課題③

①フィージビリティスタディを行う目的と検証項目について考えてみてください。

②要求定義(0.25)、設計(0.25)、コーディング(0.28)、テスト(0.17)、デプロイメント(0.05)の割合で管理しているプロジェクトを想定します。プロジェクト工数を計算する場合、全工数の28%が112人日であるとします。200本のアプリケーションソフトウェア開発のうち100本がテストまで開発完了し、残りの100本が設計以降未着手である場合、残りの作業工数を求めてください。各プログラム同士の相互作用は考えないものとします。

※回答例は198ページを参照してください。

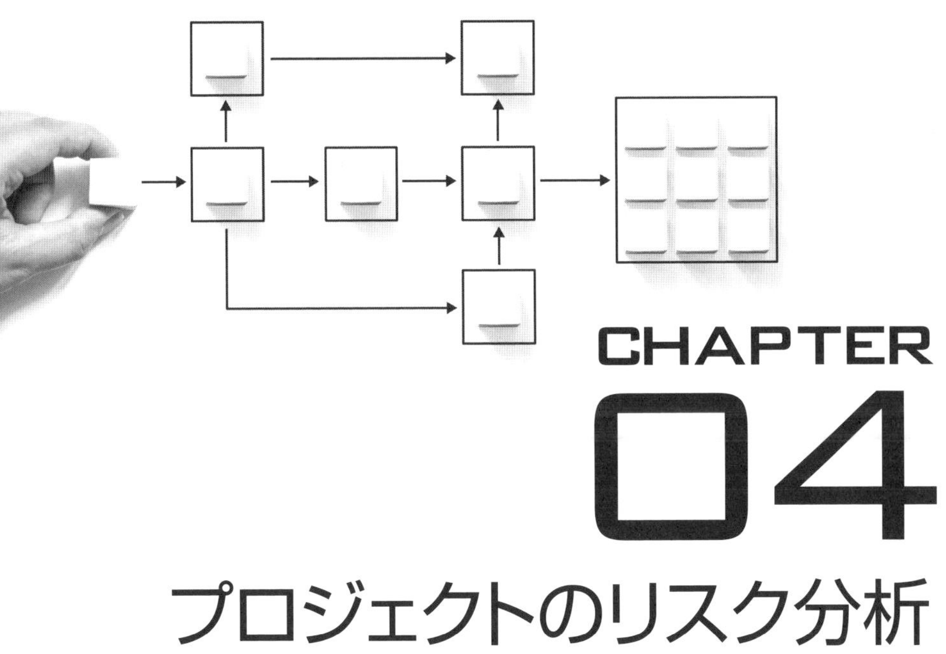

CHAPTER 04 プロジェクトのリスク分析

本章の概要

企業でよくいわれていることとして、リスクを管理することの重要性が挙げられます。

リスクとは、組織の存続や収益に影響を与える不確実性のことで、さまざまな種類があります。たとえば、経営悪化、製品不良、企業イメージの低下、データ破損や情報流出、労働災害、天候リスク、契約に伴う訴訟リスクなどがあります。これらのリスクが発生すると、企業の評判やブランド、財務状況、法的責任などに大きな損害を与える可能性があります。

そのため、事前にリスクを特定・分析・評価し、対策を決定・実行することが、事業の継続や成長にとって必要不可欠です。

安全に対する意識の向上

企業でよくいわれていることとして、「安全第一」と、安全に対する感度を高めるための「危険予知訓練(KYT)」があります。

安全第一

工場や建設現場などの職場において、安全を何よりも重要に考えるという意味の標語です。アメリカ合衆国で誕生したスローガンで、1900年代初頭にUSスチールの社長が労働災害を防ぐために導入したものです。日本では、緑十字が安全第一のシンボルとして使っています。

危険予知訓練(KYT)

職場や作業中に潜む危険な現象や有害な現象を引き起こす危険要因に対する感受性を高め、解決する能力を向上させるための訓練です。イラストシートや実際の作業を用いて、小集団で話し合い、どこにどのようなリスクがあるかを情報共有します。

SECTION-19

リスクに係わる用語

従来からいわれているリスクに係わる一般的な用語として、次のようなものがあります。国際規格に関する用語については後述します。

セーフティ(safety)

安全や安全性のことで、危険や有害な要因から人や物を守ることを指します。たとえば、安全ベルトは交通事故の際に人を守るための装置です。

ハザード(hazard)

悪い結果になるかはわからないが、その可能性があるという危険源の意味で、人や物に対して危害や損害を与える可能性のある現象や行為のことをいいます。たとえば、地震や火山噴火などや、有害物質がハザードになります。

アクシデント(accident)

予期せぬ出来事や不幸な事件、事故を指す用語です。アクシデントは一般的に、人や物に損害や危険をもたらす事態を指します。たとえば、車が衝突するという事故はアクシデントの一例です。

インシデント(incident)

大きな事故や事件になる可能性のある事象や状況のことで、ITや医療などさまざまな業界で使われます。インシデントとは、すでに損害や大きな影響が出てしまっている出来事を指すアクシデントと区別されます。たとえば、コンピュータシステムに不具合が発生したが大事には至らなかったという出来事はインシデントの一例です。

SECTION-20

リスクについて

リスクはハザードによって危害が発生する確率とその危害の大きさの組み合わせです。たとえば、地震が発生する確率と、地震によって建物が倒壊する危害の大きさの積がリスクになります。

ハザードが大きくても遠くにあるか、防護対策があればリスクは小さいというのは、ハザードに曝露(ばくろ)される可能性が低くなるからです。曝露とは、ハザードに接触することです。たとえば熊がいても、遠くに離れていたり、防護用のおりに入っていたりすれば、襲われる可能性は低くなります。

めったに発生しなければ、リスクは小さいというのは、ハザードの発生頻度が低いからです。発生頻度とは、ハザードが一定の期間に何回起きるかということです。たとえば、太陽フレアという現象は、太陽の表面で爆発が起きて電磁波や高エネルギー粒子が放出されるもので、電力網や通信網に影響を与える可能性があります。しかし、太陽フレアはめったに起きないので、リスクは小さいといえます。

このように、ハザードとリスクは別の概念であり、ハザードの大きさだけではリスクの大きさを判断できません。ハザードに曝露される可能性や発生頻度なども考慮する必要があります。リスクを評価することで、危害を防ぐための対策を考えることができます。

●ハザードとリスクについて

SECTION-21

リスクとは

リスク評価を含め、もう少し詳細にリスクについて説明します。

リスクとは

人にとって望ましくないことが起こる確率と、起こったときの危害の程度の組み合わせたものと定義できます。たとえば、火事が起こる確率と、火事によって家が燃える程度がリスクになります。リスクは、発生頻度(P)と危害の程度(S)の積で表すことができます。つまり、「リスク = P × S」です。

◉リスクとは

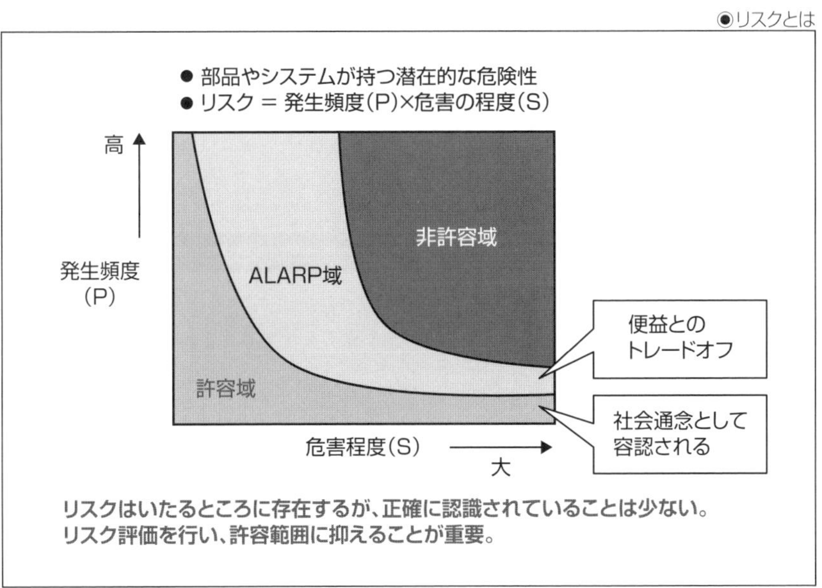

リスク評価

リスクを一定の基準で評価し、どこに重要なリスクがあるのかを特定するプロセスのことです。リスク評価には、次のような手順があります。

1. 危険性や有害性の特定
2. リスクの見積もり
3. リスクを低減する措置の検討
4. 決定したリスク低減措置の実施
5. リスクアセスメント結果の共有と経過観察

◆危険性や有害性の特定

職場や作業において、人に危害を及ぼす可能性のある危険源や有害因子をリストアップします。

◆リスクの見積もり

特定した危険性や有害性について、発生頻度(P)と危害の程度(S)を定量的または定性的に評価し、リスクの大きさを算出します。

◆リスクを低減する措置の検討

見積もったリスクの大きさに応じて、リスクを低減するための措置を検討します。措置には、危険源や有害因子の除去、技術的な改善、作業方法の変更、教育や指導などがあります。

◆決定したリスク低減措置の実施

検討した措置を実際に実施し、リスクの低減効果を確認します。

◆リスクアセスメント結果の共有と経過観察

リスクアセスメントの結果と実施した措置を関係者に共有し、定期的に見直しや改善を行います。

リスク評価を行う意味

リスク評価を行うことで、職場や作業におけるリスクを明らかにし、労働災害や健康障害などが発生する要因をできるだけ取り除き、従業員が安全に働ける環境を整備することができます。リスクには、許容域、ALARP(As Low As Reasonably Practicable)域、非許容域があります。許容域とは、リスクが顕在化して災害に至っても、かすり傷程度のリスクで、広く受け入れられるリスクの範囲です。ALARP域とは、許容域よりも高いリスクの範囲で、リスク低減のコストや便益を考慮して、許容可能なリスクの範囲です。非許容域とは、ALARP域よりも高いリスクの範囲で、人の生命や健康に重大な影響を及ぼすリスクで、許容できないリスクの範囲です。

リスク評価を行うことで、リスクがどの域に属するかを判断し、許容域に近づけるように措置を行うことが重要です。

ハインリッヒの法則

ハインリッヒの法則とは、労働災害における経験則の1つで、重大な事故の背後には軽微な事故やヒヤリハットと呼ばれる事故に至らなかった出来事が多数存在するというものです。

●ハインリッヒの法則

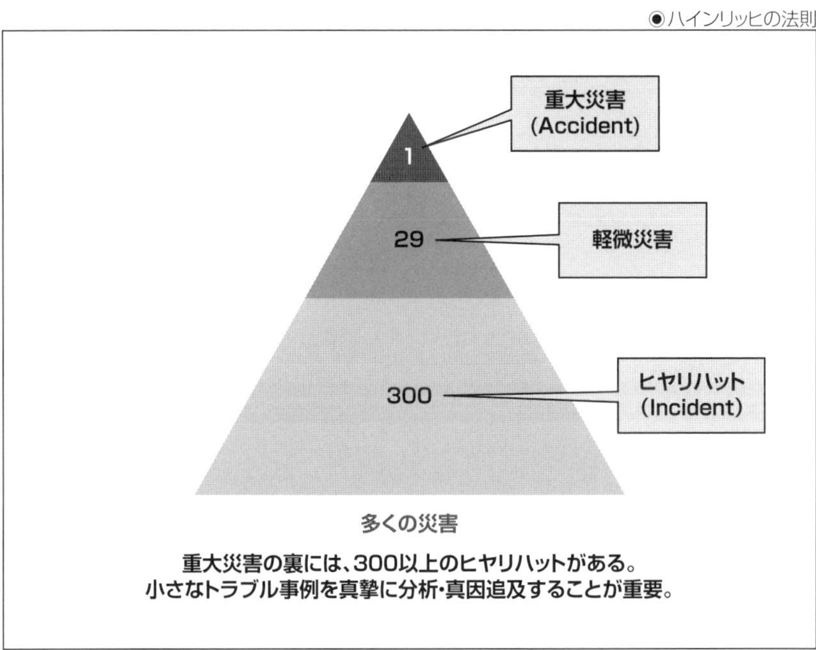

1件の重大災害があるとその背景に29件の軽微災害があり、ヒヤリハットに該当する事案が300件起こっているとされています。この法則は、「1:29:300の法則」とも呼ばれています。

ハインリッヒの法則

インシデントとアクシデントの関係性を示しています。インシデントは、アクシデントの前兆となる可能性が高く、インシデントを見逃さずに対策を講じることで、アクシデントを未然に防ぐことができます。逆にいえば、インシデントを放置したまま報告しないと、アクシデントの発生確率が高まり、重大な事故につながる恐れがあります。

したがって、災害低減のためには、次のようなことが必要です。

- インシデントの報告を勧め、報告されたインシデントを共有する
- インシデントの原因や危険性を分析し、改善策を検討する
- インシデントの予防や対策を実施し、効果を確認する
- インシデントの発生状況や対策の進捗を定期的に見直す

ハインリッヒの法則は、その数値や比率は必ずしも一般化できるものではありません。

安全に関する用語の定義

規格に基づく安全に関する用語の定義(ISO/IEC GUIDE 51:2014)は、次の通りです。

用語	説明
安全(Safety)	受容できないリスクがないこと
リスク(risk)	危害の発生確率およびその危害の程度の組み合わせ
危害(harm)	人の受ける身体的傷害もしくは健康傷害、または財産もしくは環境の受ける害
危険事象(harmful event)	危険状態から結果として危害に至る出来事
ハザード(hazard)	危害の潜在的な源
危険状態(hazardous situation)	人、財産または環境が、1つまたは複数のハザードにさらされる状況
許容可能なリスク(tolerable risk)	社会における現時点での評価に基づいた状況下で受け入れられるリスク
保護方策(protective measure)	リスクを低減するための手段
残留リスク(residual risk)	保護方策を講じた後にも残るリスク

安全に関する用語の定義は分野や文脈によって異なる場合がありますが、ここでは、国際基本安全規格(ISO/IEC GUIDE 51:2014)や食品の安全性に関するリスクアナリシス用語(農林水産省)などを参考にして、一般的なものを紹介します。

安全(safety)

許容できないリスクがないことです。許容できないリスクとは、その時代の社会の価値観や背景において受け入れられない水準のリスクのことです。

危害(harm)

人の受ける身体的傷害や健康傷害、または財産や環境の受ける害です。危害の程度は、軽微なものから重大なものまでさまざまです。

危険事象(hazardous event)

危害を引き起こす可能性のある事象です。危険事象は、危害の発生確率を表す要因です。

危険状態(hazardous situation)

危害が発生する可能性のある状態です。危険状態は、危険事象の発生条件を表す要因です。

許容可能なリスク(tolerable risk)

その時代の社会の価値観に基づき、特定のコンテキストにおいて受け入れられる水準のリスクです。許容可能なリスクは、リスク低減の目標や基準となります。

保護方策(protective measure)

リスクを低減するために行われる技術的、組織的、人的な措置。保護方策には、危害の発生確率や程度を減らすものや、危害の影響を軽減するものがあります。

残留リスク(residual risk)

保護方策を実施した後に残るリスクです。残留リスクは、許容可能なリスクと比較して、リスク低減の効果や必要性を評価するために用いられます。

安全規格の全体像

安全規格の全体像(ISO/IEC Guide51)は、次の通りです。

●安全規格の全体像

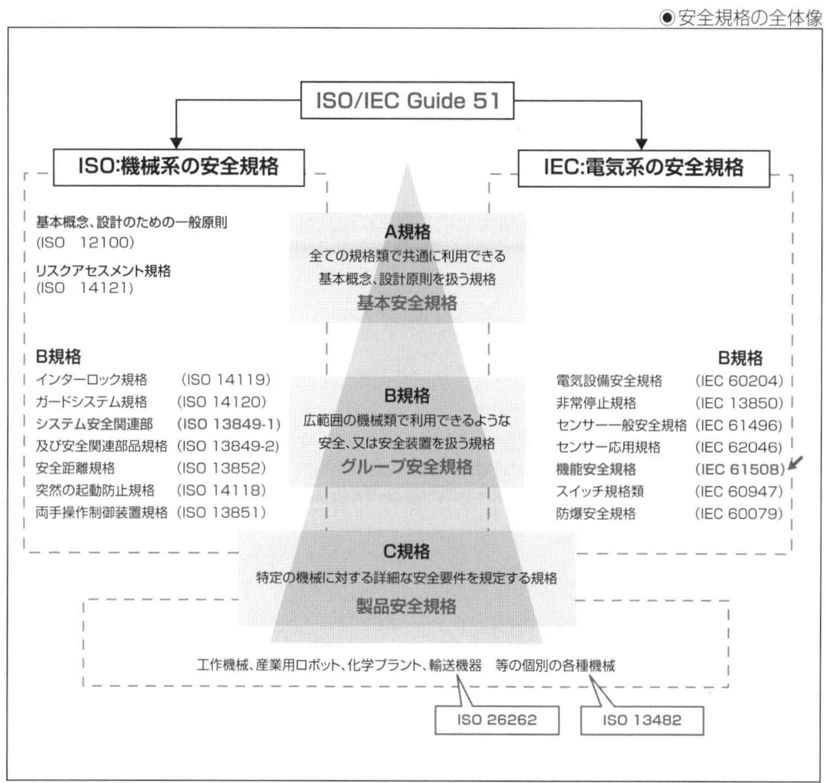

ISO/IEC Guide51とは、安全に関する規格の作成のためのガイドラインです。安全に関する規格は、消費生活製品、産業機器、プロセス、サービスなど、ほとんどの分野に適用されています。

ISO/IEC Guide51に基づいて、ISOとIECはそれぞれ機械系と電気系の安全規格を作成しています。これらの安全規格は、A規格、B規格、C規格の3つのタイプに分類されています。

A規格は、基本安全規格で、すべての機械や電気製品に適用できる基本概念や設計原則を規定しています。たとえば、ISO 12100やISO 14121などがA規格にあたります。

B規格は、グループ安全規格で、広範囲の機械や電気製品に適用できる安全面や安全装置を規定しています。たとえば、IEC 61508などがB規格にあたります。B規格には、特定の安全面に関するB1規格と安全装置に関するB2規格の2種類があります。たとえば、ISO 13849やIEC 62061などがB1規格に、ISO 13850やIEC 60947などがB2規格にあたります。

C規格は、個別機械安全規格や個別電気製品安全規格で、特定の機械や電気製品に対する詳細な安全要求事項を規定しています。たとえば、ISO 10218やIEC 60204などがC規格にあたります。

A規格、B規格、C規格の適用の原則

A規格、B規格、C規格の適用には、次のような原則があります。

C規格が存在する場合は、C規格に従って安全性を確保することが望ましいです。C規格は、A規格やB規格に記載されている設計の基本概念や一般原則と矛盾してはなりませんが、特定の要件から逸脱する可能性があります。C規格の規定とA規格やB規格の規定が整合しない場合は、C規格の規定が優先されます。

C規格が存在しない場合や該当しない場合は、A規格やB規格に従って安全性を確保する必要があります。A規格やB規格は、リスクアセスメントや保護方策の方法論を提供していますが、具体的な数値や基準を示すことは少ないです。

SECTION-25

リスク評価と対策の進め方

リスク評価と対策の進め方は、一般に下図に示すような手順に沿って行われます。

◉リスク評価と対策の進め方

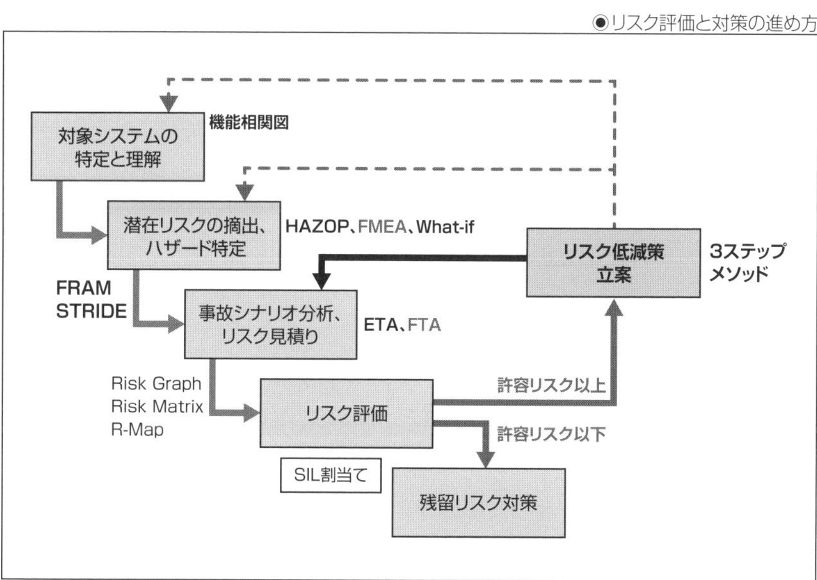

SIL(Safety Integrity Level)とはIEC 61508によって定められた安全度水準であり、安全基準が厳しい電子機器を始め、多くの電気・電子システムの安全性評価に使用されます。

対象システムの特定と理解

リスク評価と対策の対象となるシステム(製品、サービス、プロセスなど)を明確に定義します。対象システムの構成要素や機能、使用環境、関係者などを把握します。対象システムのライフサイクル(設計、製造、運用、廃棄など)を考慮します。対象システムに関する既存の情報やデータを収集します。

リスクの抽出とハザードの特定

対象システムにおいて、危害(人や財産、環境などに与える害)を引き起こす可能性のある事象(危険事象)をリストアップします。危険事象の発生原因や発生条件、発生経路などを分析します。危険事象が発生した場合に想定される危害の種類や程度、影響範囲などを考えます。危険事象や危害に関する情報を記録します。

リスクの分析

危険事象の発生確率(頻度や可能性)と危害の程度(重大度や影響度)を評価します。危険事象の発生確率と危害の程度の組み合わせによって、リスクの大きさ(重要度や優先度)を算出します。

リスクの大きさを定量的に数値化する場合は、「リスク = 危険事象の発生確率 × 危害の程度」という式を用います。

リスクの大きさを定性的に分類する場合は、リスク評価マトリクスという表を用います。リスク評価マトリクスは、危険事象の発生確率と危害の程度をそれぞれ低・中・高などのレベルに分けて、リスクの大きさを色分けや記号で示したものです。

リスクの分析結果を記録します。

リスクの評価

リスクの大きさに基づいて、リスクの受容性(許容できる水準)を判断します。リスクの受容性は、その時代の社会の価値観や法令、規格、契約などに基づいて決められます。リスクの受容性を超えるリスク(許容できないリスク)に対しては、リスク低減措置(対策)を行う必要があります。リスクの受容性を満たすリスク(許容できるリスク)に対しては、リスク低減措置を行わなくてもよい場合がありますが、可能であればリスクをさらに低減することが望ましいです。

リスクの評価結果を記録します。

リスク低減策の立案

リスク低減措置とは、リスクを受容性の範囲内にするために行う技術的、組織的、人的な措置のことです。リスク低減措置には、危険事象の発生確率や危害の程度を減らすものや、危害の影響を軽減するものがあります。リスク低減措置の選択には、次のような原則があります。

- 危険事象や危害の発生を根本的に防ぐことができる措置を優先する（例：設計変更、代替品の使用など）
- 人の行動や判断に依存しない措置を優先する（例：安全装置の設置、自動化など）
- 人の行動や判断に依存する措置は補助的に用いる（例：教育訓練、注意喚起など）

リスク低減措置の効果やコスト、実施可能性などを検討し、最適な措置を決定します。リスク低減措置の計画を作成し、実施責任者や期限などを明確にします。

リスク低減措置の立案結果を記録します。

残留リスク対策

残留リスクとは、リスク低減措置を実施した後に残るリスクのことです。残留リスクは、リスク低減措置の効果や必要性を評価するために用いられます。残留リスクが受容性を超える場合は、さらなるリスク低減措置を検討します。残留リスクが受容性を満たす場合は、リスク低減措置の実施を確認し、リスクのモニタリングやレビューを行います。残留リスク対策の結果を記録します。

主なリスクアセスメント技法

リスクアセスメント技法とは、リスクの特定、分析、評価を行うために用いられるさまざまな手法のことです。リスクアセスメント技法には、定性的なものから定量的なものまで多数存在しますが、ここでは、主な技法の概要と特徴を紹介します。

技法	概要
What-if	非体系的なブレーンストーミング手法。悪い事態を仮定し、それによって起きる事故とその安全防護を考察する
FMEA(Failure Mode and Effects Analysis)	製品および製品プロセスについて故障モードによる影響を分析して製品やプロセスの問題を解決する手法。製品が使用される段階で起こりうる欠陥や異常状態などを分析する
FTA (Fault Tree Analysis)	システムの特定故障を想定して、その発生原因を上位レベルから下位レベルまで論理的に展開し、最下位レベルの故障発生率からシステムの特定故障の発生原因や発生確率を求める手法
ETA (Event Tree Analysis)	ある初期事象からスタートして、いろいろな経路をとることにより結果がどうなるかを明らかにする手法
HAZOP(Hazard and Operability Study)	通常状態からのズレ(温度、濃度など)が発生した場合、その原因と発生する結果の事象を特定する
Risk Graph	ツリー形式で示される方法で、想定される危害のひどさ、危険状態にさらされる頻度、回避の可能性などがリスクパラメータとなる
Risk Matrix	危害の発生頻度と危害のひどさを訂正的に見積もる手法。それぞれの要素の分類は、4分類、6分類など、任意である
R-Map	縦横30の小間にプロットした各々の危害情報の安全度を表示する。それにより対象製品を客観的視点、使用者視点からデザインして見せる製品安全ツール。日本科学技術連盟が推進している

What-if

システムやプロセスにおいて、「もし～ならどうなるか」という質問を繰り返して、危険事象や危害を洗い出す技法です。ブレーンストーミングやチェックリストを用いて行われます。シンプルで柔軟な技法ですが、質問の質や範囲に依存するため、漏れや偏りが生じる可能性があります。

FMEA(故障モードと影響分析)

システムやプロセスの各構成要素に生じる可能性のある故障やエラーの形態を列挙し、それがシステム全体に与える影響を定性的に評価する技法です。故障の発生確率、重大度、検出可能性の3つの要素に基づいて、リスク優先度数(RPN)という指標を算出します。故障の発生原因や予防策を特定することもできます。1950年代に軍用航空産業で開発された技法で、機器故障やヒューマンエラーにも適用できます。

FTA(故障の木解析)

システムやプロセスにおける重大な故障や事故をトップ事象として、その発生原因を論理的に分解していく技法です。故障の発生確率や重要度を定量的に算出することができます。故障の発生経路や最小カットセットを特定することもできます。1960年代に米国原子力委員会で開発された技法で、複雑なシステムやプロセスに適用できます。

ETA(事象の木解析)

システムやプロセスにおける初期事象を起点として、その後に発生する事象を論理的に分岐させていく技法です。事象の発生確率や重要度を定量的に算出することができます。事象の発生経路や最小カットセットを特定することもできます。FTAと同様に1960年代に米国原子力委員会で開発された技法で、複雑なシステムやプロセスに適用できます。

HAZOP(ハザード・オペラビリティ分析)

システムやプロセスの設計意図に対して、ガイドワードと呼ばれる単語(例：なし、多すぎる、逆など)を用いて、偏差や異常を想定して、危険事象や危害を洗い出す技法です。危険事象の発生原因や予防策を特定することもできます。1960年代にイギリスの化学工業で開発された技法で、化学プロセスや制御システムに適用できます。

Risk Graph(リスクグラフ)

システムやプロセスにおける危害の重大度と危険事象の発生確率をグラフに表して、リスクの大きさを分類する技法です。リスクの大きさに応じて、必要な安全装置の性能レベル(PL)を決定することができます。1990年代にドイツの機械工業で開発された技法で、機械の安全規格(ISO 13849)に採用されています。

Risk Matrix(リスクマトリクス)

システムやプロセスにおける危害の重大度と危険事象の発生確率をマトリクスに表して、リスクの大きさを分類する技法です。リスクの大きさに応じて、リスクの受容性や対策の優先度を判断することができます。色分けや記号でリスクの大きさを示すことができます。シンプルで直感的な技法ですが、危害の重大度や危険事象の発生確率のレベルの設定に主観が入る可能性があります。

R-Map(リスクマップ)

システムやプロセスにおける危害の重大度と危険事象の発生確率をマトリクスに表して、リスクの大きさを分類する技法です。リスクマトリクスと同様に、リスクの受容性や対策の優先度を判断することができます。色分けや記号でリスクの大きさを示すことができます。リスクマトリクスと異なり、危害の重大度と危険事象の発生確率のレベルの設定に市場におけるリスクの程度を反映させることができます。日本科学技術連盟で開発された技法です。

以上が、主なリスクアセスメント技法の概要と特徴です。リスクアセスメント技法の選択には、対象とするシステムやプロセスの特性や目的、資源の可用性、不確かさの性質や程度、複雑性などを考慮する必要があります。また、リスクアセスメント技法は、リスクマネジメントの枠組みやプロセスに沿って適切に適用することが重要です。

SECTION-27

最近提案された リスクアセスメント技法

2000年代に入り注目されている新たなリスクアセスメント技法として、STAMP、STPA、FRAM、STRIDEがあります。

技法・手法	概要
STAMP (Systems-Theoretic Accident Model and Processes)	MITが開発。従来の解析的な還元や信頼性理論ではなく、システム理論に基づく新たな事故モデルのこと
STPA (Systems-Theoretic Process Analysis / STAMP based Process Analysis)	STAMPをもとにしたハザード分析手法。個々のシステムの事故やエラーに注視するのではなく、システム間、もしくはシステムと環境との間の作用に着目する
FRAM (Functional Resonance Analysis Method)	機能共鳴分析手法。デンマークのE.Hollnagel氏が2004年に提案した。通常行われている業務や行動について、それを実行するために必要な「機能」の単位で記述する。それらの機能が変動し、相互に影響し合¥あう状況を図式化、分析する。事故に至る失敗だけでなく、事故回避の成功事例も分析できるといわれている
STRIDE (Spoofing, Tampering, Repudiation, Information disclosure, Denial of service, Elevation of privilege)	情報セキュリティのエントリーポイントにおいて脅威を発見するための分類。マイクロソフトが提案した

複雑化したシステムやプロセスのリスクアセスメントに用いられる技法の1つです。それぞれの技法の概要と特徴は次の通りです。これらの手法は、それぞれに長所と短所がありますので、目的や状況に応じて適切に選択することが必要です。

STAMP

システムの構成要素間の相互作用によって発生する問題を分析する手法です。システム思考という考え方に基づいて、システム全体の振る舞いや制御構造を俯瞰的に捉えて、事故の発生原因や予防策を特定します。

STPA

STAMPに基づく安全性解析手法です。システムにおける危害の重大度と危険事象の発生確率をグラフに表して、リスクの大きさを分類する技法です。リスクの大きさに応じて、必要な安全装置の性能レベル(PL)を決定することができます。1990年代にドイツの機械工業で開発された技法で、機械の安全規格(ISO 13849)に採用されています。

FRAM

システムやプロセスの機能や変動を分析する手法です。システムやプロセスを構成する機能を識別し、その入力と出力の関係を表すモデルを作成します。機能間の相互作用や変動の影響を評価し、システムやプロセスの振る舞いやパフォーマンスを理解します。

STRIDE

システムやプロセスのセキュリティを分析する手法です。システムやプロセスを構成するエンティティやデータフローを識別し、その間の信頼関係を表すモデルを作成します。エンティティやデータフローに対して、6つの脅威カテゴリ(偽装、改ざん、否認、情報漏洩、サービス拒否、権限昇格)を適用し、セキュリティの脆弱性や対策を特定します。

事業リスクの分析手法

事業リスクの分析手法には、さまざまなアプローチが存在します。これらの手法は、プロジェクトの特性や目的に応じて選択され、組み合わせて使用されることもあります。また、プロジェクトマネジメントの知識エリアやプロセスに沿って、これらの手法を適用することで、より効果的なリスク分析が可能になります。

SWOT分析

自社の強み(Strengths)、弱み(Weaknesses)、機会(Opportunities)、脅威(Threats)を分析し、事業の現状や将来の戦略を考える手法です。自社の内部要因と外部要因を整理し、それらの組み合わせによって、積極的戦略、改善戦略、差別化戦略、縮小戦略などを導き出します。SWOT分析は、シンプルで直感的な手法ですが、分析の質や範囲に依存するため、漏れや偏りが生じる可能性があります。

●SWOT分析

	Strength (強み)	Weakness (弱み)
Opportunity (機会)	**強み × 機会** 強みをどう活かすかという積極的な戦略を検討する	**弱み × 機会** ビジネスチャンスを活かすために、弱みをどう改善・克服するか考える
Threat (脅威)	**強み × 脅威** 脅威に対して強みを使ってどのように切り抜けるかを考える	**弱み × 脅威** 脅威の影響から自社を守る方法について弱みを含めて検討する

※出典：「SWOT分析とは?目的や分析方法、DX戦略における事例も紹介　Business Navi～ビジネスに役立つ情報～:三井住友銀行」(https://www.smbc.co.jp/hojin/magazine/planning/about-swot-analysis.html)

CVCA

顧客価値連鎖分析(Customer Value Chain Analysis)の略で、ビジネスに係るステークホルダーを洗い出し、そのサプライチェーンを3つ(お金、情報、製品)の流れで表記します。どこにどのような価値が提供されているかを可視化することにより、価値交換のあり方を考えることができます。

●CVCA(Customer Value Chain Analysis)

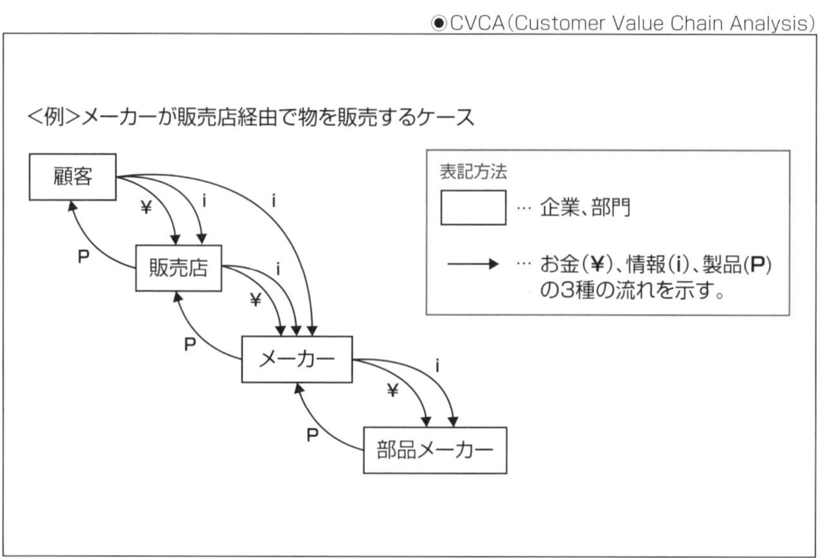

ベンチマーク

自社の商品やサービスの品質や機能などについて、業界内外の競合他社や優良企業との比較表を作成し、現在の自社の優位性や弱点を客観的に評価します。これにより、自社の業界の立ち位置を認識共有し、どこに注力するかを議論します。

◉ベンチマーク

比較分析のこと。
比較表を作り、他社と自社を比較分析したり、
新製品と従来製品との比較評価を行ったりする。

比較項目 / 比較対象	①	②	③	④	⑤	将来予測
A						
B						
C						
自部門、自社製品						
強みを活かす戦略						
弱みへの対策						

過去トラ

過去に発生したトラブルや失敗例の集合体のことです。過去トラを調査分析し計画に反映します。

失敗事例は失敗学会が「失敗知識データベース」として下記URLで公開しているものが参考になるでしょう。

- 失敗知識データベース

  URL https://www.shippai.org/fkd/index.php

◉失敗知識データベース

失敗知識データベース
ASSOCIATION FOR THE STUDY OF FAILURE
HOME　失敗百選一覧　失敗まんだらとは　ENGLISH

キーワード検索

キーワード：　検索　リセット

カテゴリーで失敗事例を探す

機械	化学	石油	石油化学
建設	電気・電子・情報	電力・ガス	原子力
航空・宇宙	自動車	鉄道	船舶・海洋
金属	食品	自然災害	その他

本データベースの記述は各事例の分析当時に得られた情報を元にしております。それ以降に判明した事実や新たな知見は反映されておりません。

特定非営利活動法人
失敗学会

演習課題④

①電子レンジの加熱スイッチと扉開閉（スイッチ）を例に簡易FMEAを試みてください。マグネトロン加熱状態で電子レンジの扉が開状態、閉状態、待機状態で電子レンジの扉が開状態、閉状態の4つの状態で考えてみてください。

◉演習①

電子レンジの加熱スイッチと扉開閉（スイッチ）を例に簡易FMEAを試みてください。

	扉　開	扉　閉
マグネトロン加熱	状態B	状態A
マグネトロン待機	状態C	状態D

②健康食品の製造販売を手掛けている中堅企業があります。当該企業を取り巻く環境のうち、SWOT分析において「O」に分類されると思われるものを考えてみてください。

※回答例は200ページを参照してください。

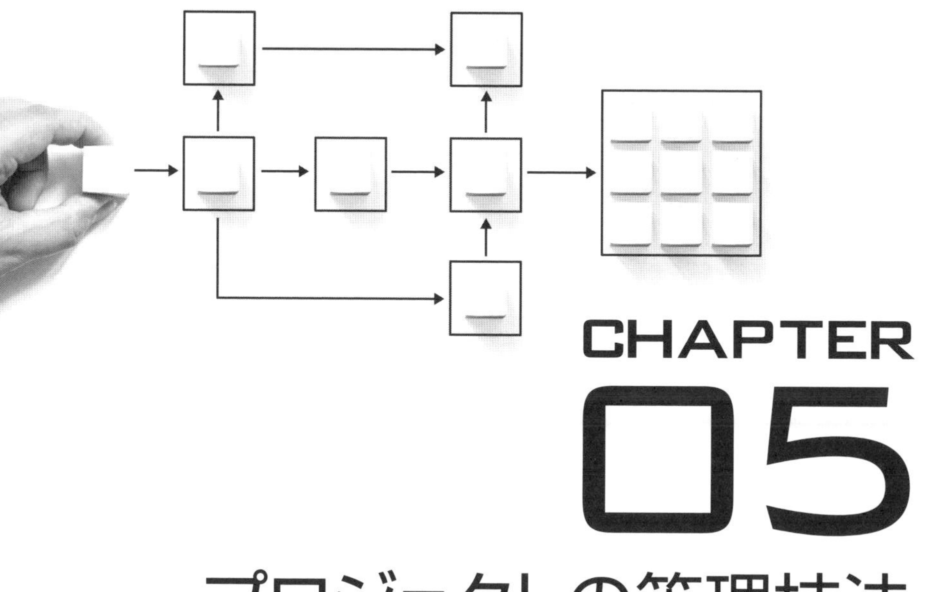

CHAPTER 05 プロジェクトの管理技法

本章の概要

プロジェクトマネジメントには、さまざまな管理技法があります。開発にあたっては多くの開発モデルから適切なものを選択する一方、プロジェクト全体の工数見積り、工程管理、検証・品質管理にあたっては適切な技法・手法を選択しながら管理していく必要があります。

主な開発モデル

プロジェクトマネジメントには、さまざまな開発モデルがあります。開発モデルとは、プロジェクトの目的や目標に応じて、開発のために選択されるさまざまなプロセスや方法論のことです。

下記は、よく知られているソフトウェア開発モデルの一部です。それぞれの開発モデルには、メリットとデメリットがあります。どの開発モデルが最適かは、プロジェクトの目的や目標に応じて異なります。

WBS(Work Breakdown Structure)

作業分解構成図を作成することで、プロジェクトの全体像を把握しやすくなります。

◉WBS

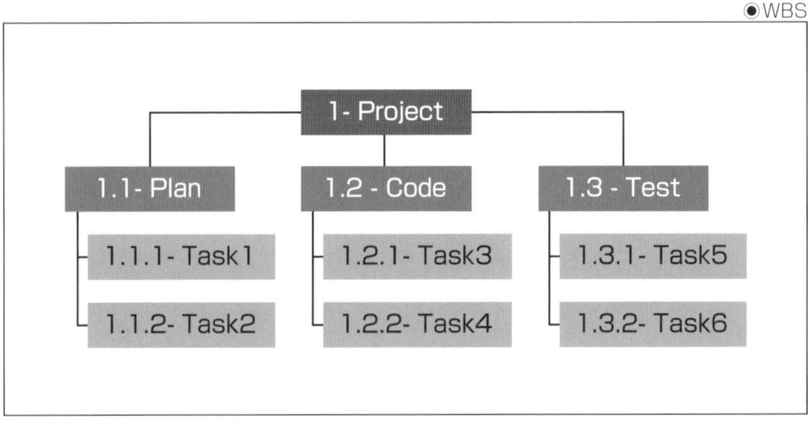

ウォーターフォールモデル(waterfall model)

一連の工程にマイルストーンを設けて複数のステップに区切り、それを順次実施する方法です。ステップが切り替わる際に、修正点や残件を明確にして工程進捗を管理していきます。

●ウォーターフォールモデル

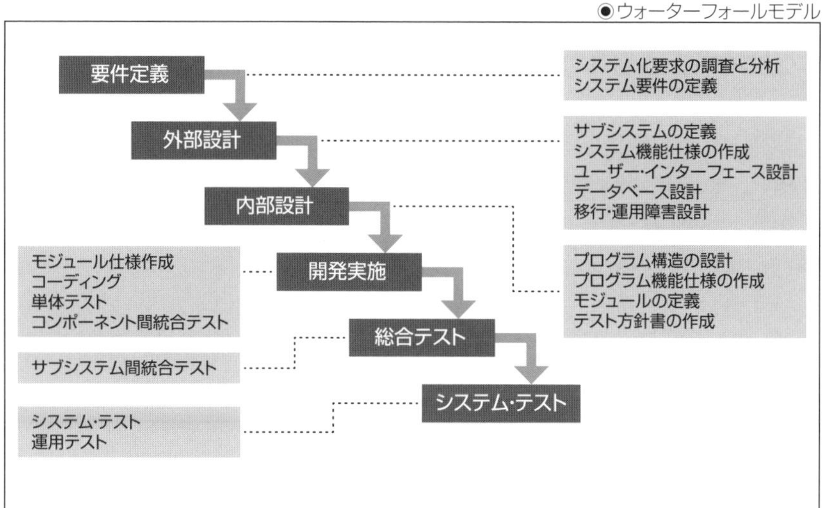

プロトタイピング(prototyping)

工数や技術課題が明らかでない場合、試作品を作成することで、課題を克服していく方法です。

反復法

開発プロセスを繰り返し実施することで、完成度を上げていく方法です。

スパイラルモデル

ウォーターフォールモデルとプロトタイピングを組み合わせて、開発プロセスを進める方法です。ステップごとの完成度を上げるというよりは徐々に完成度を上げていきます。

アジャイルモデル(アジャイル開発)

仕様に曖昧さがある場合、作り込みながら仕様を確定していくことにより、短期間に開発を進める方法です。顧客のフィードバックを取り入れながら開発を進めます。

モデルベース開発手法(MBD)

上流工程においてモデルを作成評価することで問題となる課題を取り除き、開発プロセスを進める方法です。

SECTION-31

主な見積手法

開発工数の見積もりは極めて重要ですが、経験と勘が頼りになっています。仕様、工程、スキルが確立されていれば、精度高く見積もることは可能ですが、未知部分が多ければ当然、精度は落ちます。できるだけ、作業項目を定量化、細分化することが重要になります。下記はプロジェクトマネジメントにおけるよく知られている見積手法の一部です。

- 相場(観)から推定
- フェルミ推定(オーダーエスティメーション)
- ステップ数見積
- FP法
- EVM

どの見積手法が最適かは、プロジェクトの目的や目標に応じて異なります。

相場(観)から推定

類似のプロジェクトの経験から、プロジェクトのコストを推定する方法です。

フェルミ推定(オーダーエスティメーション)

粗い見積もりを行うための方法です。物理学者のフェルミが夜空の星の数を推定するために実施した。既存の知識しか持ち合わせていないときに、それを根拠にして推定します。

ステップ数見積

ソフトウェア開発量を推定する場合に、従来の経験値を参考に、難易度などを加味してプログラムステップ数を推定する方法です。

FP(Function Point)法

システムを機能別に分解してそれを定量化し、ポイント数として集計する方法です。

EVM(Earned Value Management)

プロジェクト·全体の進捗を予算や実際にかかったコストなどに金額換算して管理分析する手法です。米軍のミサイル開発で適用されました。

SECTION-32

主な工程管理手法

プロジェクトの工程管理において、工程表の作成は重要な手法の1つです。工程表は、プロジェクトの全体像を把握しやすくするために作成されます。また、工程表には、各工程の開始日や終了日、担当者などの情報が記載されます。工程表は、プロジェクトの進捗状況を把握するためにも利用されます。

ガントチャートとPERT図は、プロジェクトの工程管理においてよく使われる図式化ツールです。両方ともプロジェクトのタスクや期間、依存関係などを表現することができますが、その形式や特徴は異なります。

ガントチャート

タスクを左側の列に記載しタイムラインを線で表示するグラフィカルな図です。各タスクの開始日、終了日、継続時間、進捗状況などを一目で把握することができます。ガントチャートは、小規模なプロジェクトやタスクのステータスを追跡するのに適しています。

◉ガントチャート

左側に作業項目を並べ、横に時間軸をとって、各作業の
開始から終了までを線で結ぶ。
関連作業は、縦線で結ぶ。

活動項目		分担・事務方	スケジュール											備考
主要計画	詳細		6	7	8	9	10	11	12	1	2	3	来年度	
イベント	1							▽						
	2	鈴木						▽						
リリース計画	ソフトウェア 1.0 改良版	田中												
	ソフトウェア 2.0	佐藤		仕様書策定	API決定									API仕様書の完成
国際会議											RFP Dr提出 2/24 ▽			
実証実験														

PERT図

タスクをネットワーク図で表示するプログラム評価レビュー手法の略です。各タスクの処理順序や依存関係を矢印で示し、プロジェクトのクリティカルパス（最短完了経路）を明確にします。PERT図は、大規模なプロジェクトや複雑なプロジェクトの計画やスケジューリングに適しています。

◉PERT法（PERT/CPM）

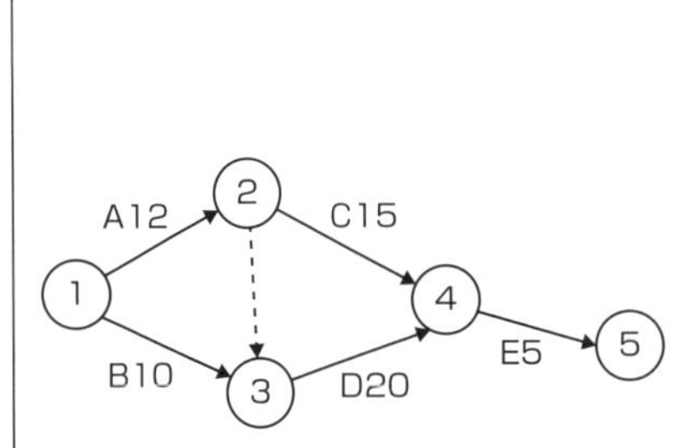

- 各作業を矢線（アロー）で表し、作業間の結合点を丸（ノード）で表して、左側から作業手順を図で表現（アローダイアグラム）していく。
- 全体の所要時間を決定づける経路が「**クリティカルパス**」（経路内の工程の見積もられた所要時間の和が最大）

作業名	所要日数	先行作業
A	12	なし
B	10	なし
C	15	A
D	20	A、B
E	5	A、B、C、D

SECTION-33

主な検証・品質管理手法

プロジェクトマネジメントの主な検証・品質管理手法とは、プロジェクトの成果物やプロセスの品質を評価し、改善するための手法です。たとえば、DR、WT、チェックシート、BBT、WBT、V&V、IV&V、CMMI、SPICEなどがあります。

これらの手法は、プロジェクトの目的やニーズに適合する製品やサービスを提供するために重要です。

DR(Design Review)

設計段階で製品やサービスの品質を評価する手法です。設計要件や仕様に適合しているか、問題やリスクがないか、改善点がないかなどを検討します。

WT(Walk Through)

プログラムや文書などの成果物を作成者が他のメンバーに説明し、レビューを受ける手法です。作成者の視点から成果物の内容や意図を共有し、不備や誤りを発見します。

チェックシート

品質管理のQC7つ道具の1つで、確認するべき項目や要素の一覧表です。データの収集や分析に利用されます。

BBT(Black Box Testing)

ソフトウェアのテスト手法の1つで、入力と出力の関係だけを見て、内部の動作や構造は無視する手法です。ソフトウェアの機能や性能を検証します。

WBT(White Box Testing)

ソフトウェアのテスト手法の1つで、内部の動作や構造を見て、論理的なエラーやバグを発見する手法です。ソフトウェアの品質や信頼性を検証します。

V&V(Verification and Validation)

プロジェクトの成果物が要件や仕様に適合しているか、目的やニーズに適合しているかを検証する手法です。Verificationは要件や仕様に対する正しさを、Validationは目的やニーズに対する妥当性を確認します。

●V&Vの事例

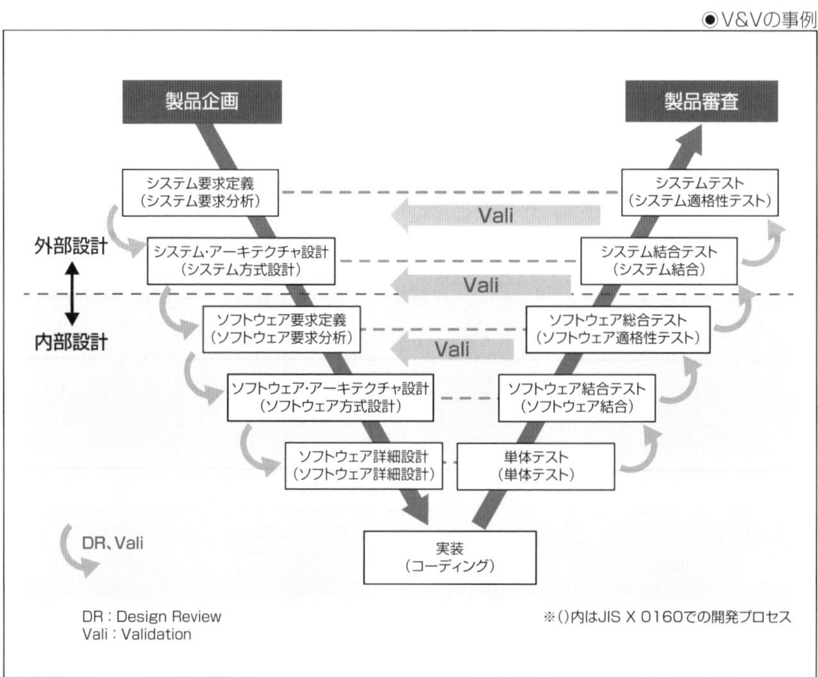

IV&V(Independent Verification and Validation)

プロジェクトの成果物のV&Vを、プロジェクトに関係のない第三者が行う手法です。客観的な視点から品質を評価し、信頼性を高めます。JAXAが導入を提唱しました。

CMMI(Capability Maturity Model Integration)

組織のプロセスの成熟度を評価し、改善するためのモデルです。プロセスの品質や効率を向上させることで、プロジェクトの品質や生産性も向上させます。CMMIの前身のCMMは、DoD(米国国防総省)がソフトウェアの品質向上を目的に、主にカーネギーメロン大学で研究が進められ集大成されました。

SPICE(Software Process Improvement and Capability Determination)

ソフトウェア開発のプロセスの品質や能力を評価し、改善するための国際規格(ISO/IEC15504)です。プロセスの品質や能力を測定し、改善のための目標や計画を立てます。

演習課題⑤

①次のように仮定した場合、日本全国には電柱が何本あるか推定してください。

- 都市部では、50m × 50mの面積に1本の電柱がある。
- 日本面積 = 380,000㎢
- 都市面積(全体の10%)= 38,000㎢

②作業表からアローダイアグラムを作成しクリティカルパスを示してください。また、最短日数は、何日でしょうか。

◉演習②

- 作業表からアローダイアグラムを作成しクリティカルパスを示してください。
- 最短日数は、何日でしょうか?

作業名	所要日数	先行作業
A	10	なし
B	5	なし
C	10	A
D	15	A
E	20	A、C、D
F	15	A、D
G	25	A、B
H	10	A、B、C、D、E、F、G

1

7

※回答例は202ページを参照してください。

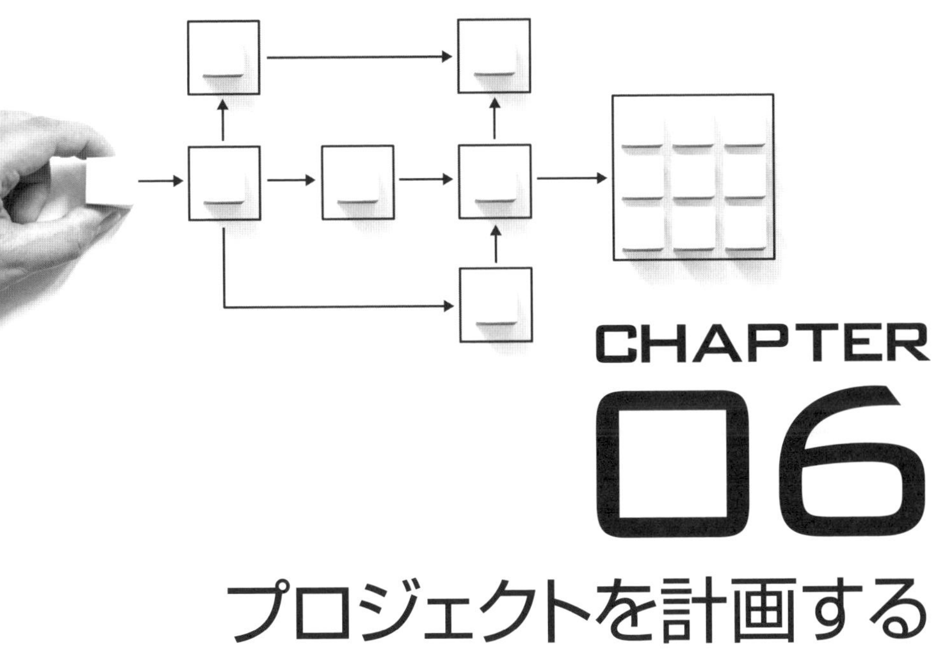

CHAPTER 06

プロジェクトを計画する

本章の概要

前章まではプロジェクトを進めるための事前知識を説明しました。本章では、プロジェクトの企画･計画段階について説明します。囲碁において布石は重要です。プロジェクト管理においても、いわれてみればごく当たり前のことではありますが、重要な開始段階での基本を解説します。

基本要件の把握

プロジェクトの計画開始にあたって重要なことは、ニーズを整理することとシステム思考で捉えることだと思います。

「ニーズを整理する」とは、プロジェクトの目的やゴール、ステークホルダーの期待や要求、プロジェクトの範囲や制約などを明確にすることです。ニーズを整理することで、プロジェクトの方向性や優先順位を決めやすくなります。

「システム思考[1]で捉える」とは、プロジェクトを構成する要素や関係性、影響やフィードバックなどを全体的に理解し、問題や課題を解決することです。システム思考で捉えることで、プロジェクトの効果やリスクを評価しやすくなります。

ニーズ把握

ニーズを把握することは、難しいことです。人の意図は、言葉だけでは伝わらないことも多く、人の意図を取り違えやすい理由を紹介します。

業界、地域、その人の過去によって、言葉のニュアンスが違ってきます。人は、自分の所属する業界や地域、過去の経験によって、言葉の意味や使い方に違いが生じます。たとえば、IT業界では「バグ」という言葉は「プログラムの誤り」ですが、農業業界では「害虫」を指します。同じ言葉でも、業界によって意味が変わります。

さらに、その人の過去の経験によっても、言葉に対する感情や印象が異なります。たとえば、ある人は「チャレンジ」という言葉に対して「成長」などのポジティブな印象を持ちますが、ある人は「失敗」などのネガティブな印象を持ちます。同じ言葉でも、その人の過去によってニュアンスが変わります。

このように、言葉のニュアンスは、業界や地域、その人の過去の経験によって違ってくるため、人の意図を正しく理解するためには、その背景を把握することが必要です。

[1]：システム思考とは、物事の全体像を捉え、システムの構成要素間のさまざまなつながりを大局的に理解することで、表層にとらわれることなく本質を理解するアプローチのことです。

暗黙知

自分が当たり前だと思っていることや、言葉にしなくても伝わると思っていることが、暗黙知です。暗黙知は、言語化や形式化が困難な知識や経験の場合もあります。たとえば、自転車の乗り方や、顔の表情からの感情を認識する方法などが暗黙知にあたります。

暗黙知は、自分では意識していないことが多く、他人に伝えることが難しいです。また、他人の暗黙知に気づくことも難しいです。たとえば、ある人は「仕事のやり方」について暗黙知を持っているとします。その人は、仕事のやり方を教えることもなく、自分のペースで仕事をこなしています。しかし、他の人は、その人がなぜその仕事ができるのかに気づかず、仕事のやり方を聞いても教えてもらえないことに不満を持ちます。

このように、本人が暗黙知を持っていること自体に気づかないことで、人の意図を取り違えることがあります。

人のニーズ

人のニーズ(欲求)は、時間や環境、状況によって変化します。たとえば、ある人は、朝は「もっと寝たい」というニーズを持っていますが、昼は「何か食べたい」というニーズを持ちます。また、晴れている日は「散歩したい」というニーズを持っていますが、雨が降っている日は「家でゆっくりしたい」というニーズを持ちます。さらに、仕事中は「集中したい」というニーズを持っていますが、休憩中は「話したい」というニーズを持ちます。人のニーズは、時間や環境、時期や状況によって変化します。

このように、ニーズが変化することで、人の意図を取り違えることがあります。

以上が、人の意図を取り違えやすい理由の説明です。プロジェクトの計画においては、ニーズを把握することが重要ですが、それだけではなく、ニーズの背景や変化も意識することが必要です。

基本要件の把握（例：自転車システム）

基本要件の把握（例：自転車システム）について考えてみます。

◉自転車のシステム

走行する自転車システムとして認識するための基本要件は、自転車の構成部品が適正に組まれ、安全かつ円滑に走行できることです。構成部品には、ハンドル、タイヤ、フレーム、ブレーキ、ペダル、チェーン、サドル、反射板、ベルなどが含まれます。これらの部品は、それぞれ日本工業規格によるか、または日本工業規格に定める品質と同等以上のものを用いる必要があります。

一方で、人が自転車として「見て認識するため」の基本要件としては、ブレーキ、反射板、ベルはなくても問題ないと思います。というふうに「走るため」「見て認識するため」といった意図の違いで必要な部品も違ってきます。

システムの捉え方（要求仕様）

プロジェクトに期待されることを明確にするために、要求仕様を作成します。

要求は非常に曖昧なので、設計前にそれを具体化することが必要です。要求仕様は、開発する製品やサービスが持つべき機能や特性などをまとめたもので、企画や要件定義などの段階で策定されます。

要求仕様を作成する過程では、要求定義（要求エンジニアリング）という活動を行います。

◆要求定義

ステークホルダーから要求を収集・分析・精緻化・交渉・仕様化・妥当性確認することで、要求を具体化していきます。

◆概念化

曖昧な要求を明瞭な文章やイメージ図や数値で表現し、機能的要求(コスト、納期も含む)を明確化することです。

要求定義の中で、要求を文章やイメージ図や数値で表現することを精緻化と呼びます。精緻化では、要求獲得で得られた要求の詳細を考えます。精緻化の際は、樹形図を使うなどで、情報の整理がしやすくなります。精緻化の結果、機能的要求(コスト、納期も含む)の明確化につながります。要求仕様が確定した後は、設計を行います。

◆設計

要求仕様に基づいて、開発する製品やサービスの構造や動作などを詳細に決めることです。設計の際は、複数の案を出して比較・検討することが望ましいです。設計の結果、開発する製品やサービスを実体化することができます。

システム

システムとは、一定の目的を実現するために、いくつかの要素(物、人、情報)を、いくつかの規則のもとに、組み合わせ関連付けたものです。

システム工学とは、システムの計画・設計・改良・運用のための技術であり、システムの構造や動作、性能、コストなどを最適化するための方法論やツールを提供する学問分野です。

プロジェクトマネジメントでは、システム工学の手法を用いて、プロジェクトの目的に沿ったシステムを開発することが求められます。システム工学の手法には、システムアプローチ、システム解析、システム設計、システム評価などがあります。

コンピュータ(CPU)の図式化表現例

コンピュータ(CPU)を例にとってシステム表現してみます。代表的なブロック図で図式化したものを下図に示します。主要な構成要素を四角形や円形で表記します。

●コンピュータ(CPU)の図式化表現

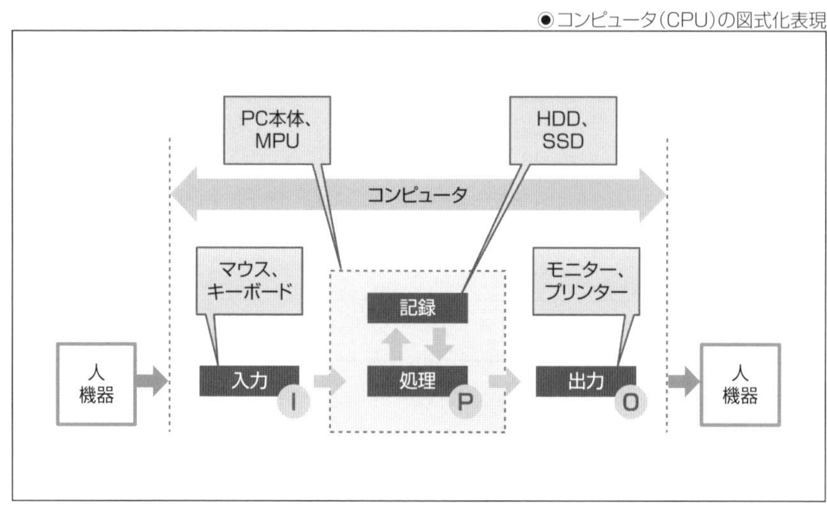

ここで、重要なことは、入力I(Input)と出力O(Output)とそれらを処理する処理機能P(Process)がシステムの必須要件であることです。システムの構成は、I-P-Oで定義されます。ソフトウェア処理が大きい場合は、データベースがある記憶装置M(Memory)も表記します。このI-P/M-Oが複数集まり、さらに上位のシステムの基本要素となります。

システム的に捉えるとは、I-P-Oを明確にすることです。

システム設計

システム設計とは、開発するソフトウェアの仕様や機能、構造などを決める工程のことです。システム設計には、基本設計と詳細設計の2つの段階があります。

◆ 基本設計

上流工程で要求仕様を整理し、システムの概要や画面や帳票などの外部仕様を決めます。基本設計では、システムが何をするか（What）を明確にすることが重要です。基本設計の結果は、ユーザーにレビューしてもらい、合意を取る必要があります。

◆ 詳細設計

基本設計で決めた内容をさらに詳しく設計し、プログラムを作成できる状態まで落とし込みます。詳細設計では、システムがどのように解決するか（How）を具体的にすることが重要です。詳細設計では、データベースやコードやAPI（アプリケーション・プログラミング・インタフェース）などの内部仕様を設計します。

SECTION-36

スコープの設定

スコープの設定とは、プロジェクトマネジメントにおいて、プロジェクトの目的や成果物、作業範囲などを明確にすることです。スコープの設定は、プロジェクトの成功にとって非常に重要な工程であり、スコープの変更、拡大を防ぐためにも重要です。

スコープの設定には、次のようなフェーズがあります。

フェ　ーズ	説明
①プロジェクトの目標を立てる	プロジェクトの目的や成果物、期限、予算などを明確にする
②プロジェクトの要件をまとめる	プロジェクトに関係するステークホルダーから要件を収集し、整理する
③プロジェクトスコープ記述書を作成する	プロジェクトの目標や要件、範囲、制約、仮定などを文書化する。特に範囲の設定は注意が必要。複雑なシステムや大規模なシステムでは、曖昧さを避けるために、対象システムの範囲外要件(Out of Scope)も列記する
④プロジェクトスコープ記述書をレビューする	プロジェクトに関係するステークホルダーにプロジェクトスコープ記述書を共有し、意見や承認を得る
⑤プロジェクトスコープ記述書をベースラインとする	プロジェクトスコープ記述書をプロジェクトの基準として扱い、変更管理の対象とする

スコープの設定におけるユーザーとベンダーの関係

スコープの設定におけるユーザーとベンダーの関係は、プロジェクトのステークホルダーとして、互いにコミュニケーションをとり、要件(要求)や期待値を調整し、合意を形成することです。

◉スコープの設定におけるユーザーとベンダーの関係

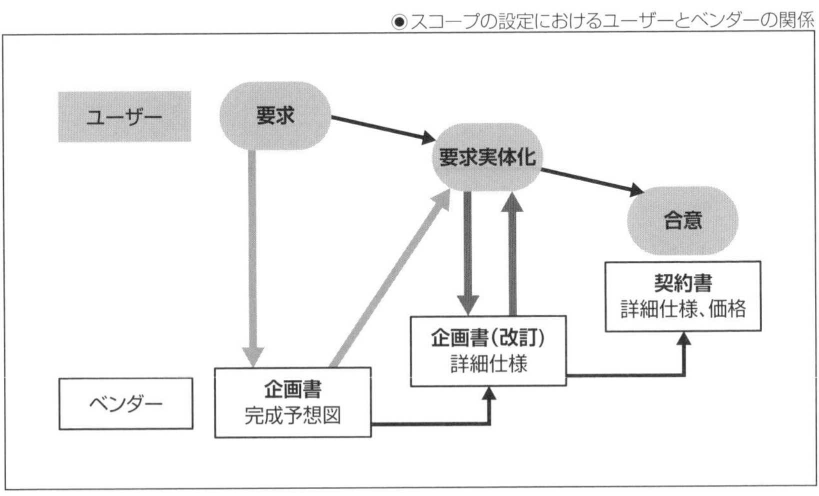

ユーザーとはプロジェクトの成果物を使用する人々や組織のことで、プロジェクトの価値や品質に関心があります。ベンダーとはプロジェクトの成果物を提供する人々や組織のことで、プロジェクトのコストや納期に関心があります。

ユーザーとベンダーは、プロジェクトの成功にとって重要な役割を果たします。しかし、彼らの利害は必ずしも一致しない場合があります。そのため、スコープの設定においては、ユーザーとベンダーの間で次のような活動を行う必要があります。

活動	説明
①要件収集	ユーザーのニーズや期待を聞き出し、ベンダーが理解できる形で文書化(企画書)する
②要件分析	ユーザーの要件を優先度や実現可能性などの観点で分析し、ベンダーが提供できる範囲を明確にする
③要件交渉	ユーザーとベンダーの間で要件に関する合意を得る(契約)。要件の変更や追加に対しては、変更管理のプロセスを適用する
④要件確認	ユーザーとベンダーの間で要件に関する認識を確認し、誤解や不一致を解消する
⑤要件承認	ユーザーとベンダーの間で要件に関する最終的な承認を得る。承認された要件は、プロジェクトスコープ記述書に反映する

契約業務に関する諸手続きの流れ図

契約業務に関する諸手続きの流れ図は、契約の発生から締結、管理までの一連の工程を図で表したものです。

●契約業務に関する諸手続きの流れ図①

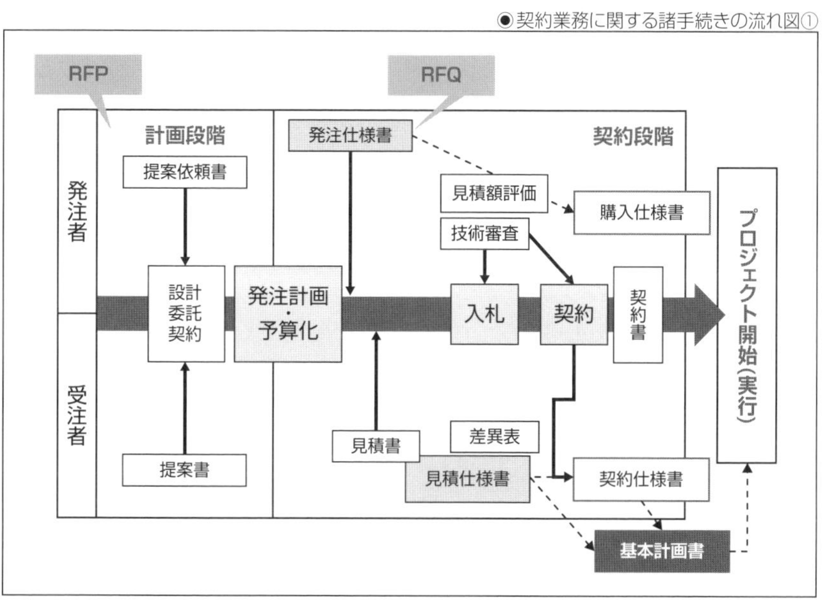

※契約業務に関する諸手続の流れ図(JEM-TR219から一部修正)

●契約業務に関する諸手続きの流れ図②

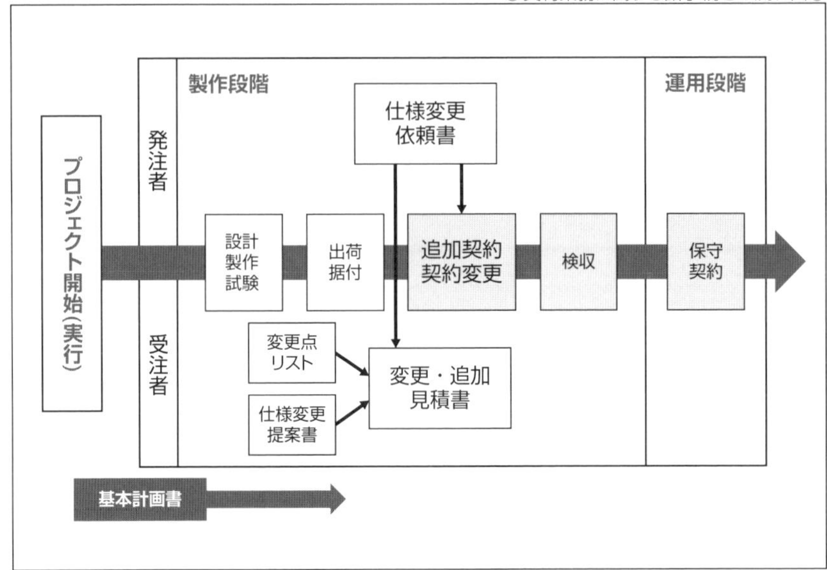

※契約業務に関する諸手続の流れ図(JEM-TR219から一部修正)

契約に至る前に、発注側の思惑と受注側の請負可能性をすり合わせます。発注側が計画を提示し、受注側はそれを受けて対応可能な提案書を提示します。これが計画段階になります。

提案書をもとに発注側は予算化し、発注先を決めます。公的案件などは入札を行います。この段階が契約段階です。発注側の計画と受注側の提供品とに違いがあれば見積時に受注(予定)側は差異リストを提示します。その後発注側の審査を得て契約に至ります。この契約段階で、発注内容を提示した正式な購入仕様書に対して受注側は契約仕様書を提示します(どちらかを省略するケースも多い)。受注側は、契約仕様書の記載事項を実現するために、開発内容や製造方法、工事方法などを記載した基本計画書を受注サイドの内部管理用に発行します(開発内容が少なければ省略されることも多い)。

次に製作段階になり、そこで変更追加が発生すれば、発注側と受注側で契約変更の話し合いがもたれます。検収を得て発注側は運用段階に入ります。受注側は、保守業務に入ります。

見積(コスト)設定

見積(コスト)設定とは、プロジェクトにかかる費用や収入を見積もり、予算や価格を決めることです。

◉見積(コスト)設定

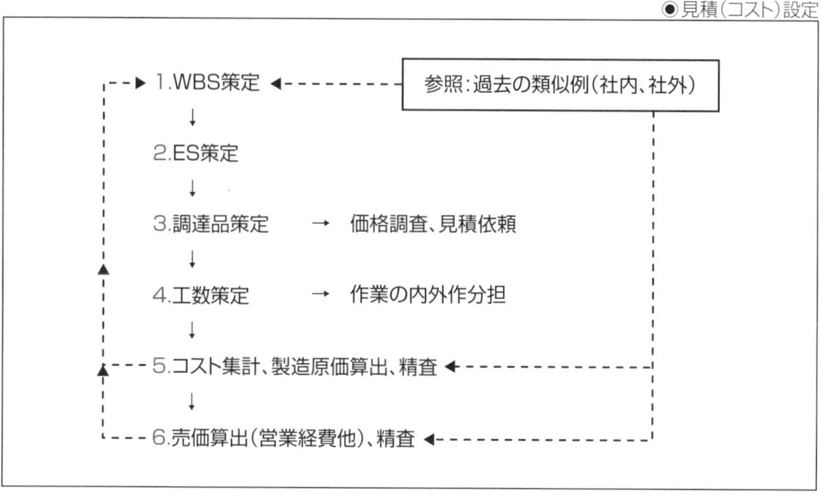

見積(コスト)設定には、次の手順があります。

手順	説明
①WBS策定	プロジェクト全体を細かなタスクに分解し、ツリー状の図で表す方法。プロジェクトの全体像や作業の階層関係を把握する
②ES策定	プロジェクトのタスクや工程を円形のノードと矢印で表し、ネットワーク図で表す方法。プロジェクトの最短完了期間やクリティカルパスを求める
③調達品策定	プロジェクトに必要な資材やサービスを調査し、仕様や数量や納期などを決める。価格調査や見積依頼を行い、最適な調達先を選ぶ
④工数策定	プロジェクトのタスクに必要な人員や時間を見積もる。作業の内外作分担を決め、労働力やスキルや経験などを考慮する
⑤コスト集計、製造原価算出、精査	プロジェクトのタスクにかかる費用を集計し、製造原価を算出する。直接経費や間接経費の他にリスク費用なども含める
⑥売価算出(営業経費他)、精査	プロジェクトの成果物の価格を決める。製造原価に営業経費や利益などを加える

WBS策定の方法

WBS策定とは、プロジェクトを小さなタスクに分解し、階層的に構造化することです。WBSとは、Work Breakdown Structureの略で、作業分解構成図とも呼ばれます。

WBS策定の目的は、プロジェクトの全体像や範囲を明確にし、スケジュールやコストやリソースなどを見積もりやすくすることです。WBS策定のメリットは、作業の抜け漏れや重複を防ぎ、作業の依存関係や優先順位を把握し、作業の分担や進捗管理をしやすくすることです。

WBS策定の方法は、次のような手順で行います。

1. プロジェクトの目標や成果物を定義する。
2. プロジェクトを大きなカテゴリに分類する。
3. カテゴリをさらに細かいタスクに分解する。
4. タスクの粒度や順序を整理する。
5. タスクに番号や名称や担当者や期日などを付与する。
6. タスクをツリー状の図で表現する。

ES(Engineering Schedule)策定の方法

ES(Engineering Schedule)は、プロジェクトの工程や納期を管理するためのスケジュール表です。ESを策定する方法は、次のような手順で行うことが一般的です。

1. プロジェクトの目的や目標、スコープ、要求事項を明確にする。
2. プロジェクトの成果物や作業内容をWBS(Work Breakdown Structure)として階層的に分解する。WBSレベル1はプロジェクト全体、WBSレベル2はプロジェクトの主要なフェーズや成果物を表す。
3. WBSの各項目に対して、必要な作業時間やリソース、依存関係、責任者などを見積もる。
4. 完成(納期、検収、運用開始など)までの、重要な節目を「マイルストーン」として設定する。マイルストーンは、プロジェクトの進捗や成果を測定するための目安となる日付やイベントのことで、日程を曖昧にしないようにする。数年以上にわたるプロジェクトでは、ベンダー各社の年度売り上げやコスト発生時期に連動してくるので、ESにおけるマイルストーンは発注側から受注側の下請けまでプロジェクト参加企業全体で共有される情報となる。

5 WBSレベル1または2までの各項目の工程をガントチャートで示す(ガントチャートとは、作業の開始日と終了日、作業の順序や重なり、マイルストーンなどを表したスケジュール表のこと)。ガントチャートを作成することで、プロジェクトの全体像や細部を視覚的に把握することができる。

調達品策定の方法

調達品策定は、プロジェクトで必要な資材やサービスを外部から調達する際に、その内容や数量、価格などを決めることです。調達品策定の方法は、次のような手順で行うことが一般的です。

1 プロジェクトの目的や目標、スコープ、要求事項を明確にする。
2 プロジェクトの成果物や作業内容をWBS(Work Breakdown Structure)として階層的に分解する。WBSレベル1はプロジェクト全体、WBSレベル2はプロジェクトの主要なフェーズや成果物を表す。
3 WBSの各項目に対して、必要な資材やサービスの種類、数量、品質、仕様などを見積もる。このとき、材料費、部材費、用具費、動力費などのコスト要素を考慮する。
4 資材やサービスの調達方法を決める。自社で製造・提供できるものは内製化する。外注化する場合は、契約形態や調達先を定める。
5 調達先に対して、価格調査や見積依頼を行う。複数の調達先から見積もりを取り、コストパフォーマンスや納期などを比較検討する。
6 調達品の内容や価格、納期などを調達先と交渉し、契約する。契約の際は、納品方法や検収方法、保証期間や変更管理などの条項を明記する。

工数策定の方法

工数策定とは、プロジェクトで必要な作業時間やコストを見積もることです。工数策定の方法は、次のような手順です。

1 WBSの各項目に対して、納期を確認し必要な作業時間やリソース、依存関係、責任者などを見積もる。
2 WBSのカテゴリ単位に、ガントチャート上で必要人員を割り当てる(ガントチャートとは、作業の開始日と終了日、作業の順序や重なり、マイルストーンなどを棒グラフで表したスケジュール表のこと)。内作・外作(内製・外製)の分担などm単価の異なる単位でも分類することで、コスト管理に役立つ。

3 概算見込検定を行う(概算見込検定とは、見積もった工数が妥当かどうかを検証すること)。調達部門や経理部門、生産管理者なども交えて妥当性を評価する。過去の実績がほとんどない場合は、下表のような方法で評価する。

方法	説明
フェルミ推定-複数アプローチ	作業を細かく分解し、それぞれの工数を推定した後、合計する方法。複数の視点から推定し、平均値や中央値をとることで精度を高める
相場観	過去の類似プロジェクトや市場の相場を参考にする方法。プロジェクトの特徴や環境に合わせて調整する必要がある
経験値	プロジェクトメンバーや関係者の経験や知識を活用する方法。経験値に基づく公式や則(4分の3則、平方根則、3分の1則など)を使って工数を算出する

PERT法

PERT法とは、プロジェクトの工程管理を定量的、科学的に行う手法の1つで、各工程の依存関係を図示して所要期間を見積もったり、重要な工程を見極めたりする手法です。1950年代に米海軍で弾道ミサイル開発プロジェクトのために考案された手法であり、その成功により全世界に手法が知られることになりました。

●PERT法の例

- 作業表からアローダイアグラムを作成しクリティカルパスを示してください。
- 最短日数は、何日ですか?
- 作業に必要な人数の推移を示してください。

作業名	所要日数	所要人数	先行作業
A	20	5	なし
B	20	3	A
C	20	4	A
D	20	2	A
E	20	2	A、B
F	10	2	A、D
G	10	3	A、B、C、D、E

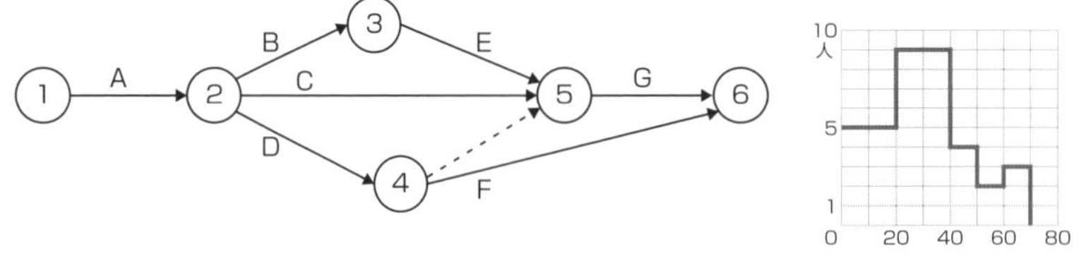

PERT法では、プロジェクトの各工程にある依存関係を矢印でつないでいき、それぞれの所要時間を記入して図(PERT図)を作成していきますが、経路をたどって所要時間を足し合わせていくと、プロジェクト全体の工期を見積もることができます。

PERT図には、結合点を示す円を、作業を示す矢印で結びつける「アロー型」と、各工程をボックスに記載して、各工程同士の順序を矢印で結びつける「フロー型」の2種類の型があります。PERT図を作成することで、プロジェクトの全体像や細部を視覚的に把握することができます。

また、作成したPERT図を使い、計画の分析を行います。プロジェクトの所要期間や最短期間、各工程の余裕日数や遅延の影響などを計算したり、重要な工程を示すクリティカルパスを特定したりすることができます。これにより、プロジェクトの進捗に関する遅れの影響度評価やリスク回避策の立案などを行います。

工数算定

工数算定とは、プロジェクトで必要な作業時間やコストを見積もることです。工数算定の方法は、次のような手順です。

1. **「工数 ＝ 作業時間 × 作業人数」という式で、各項目の工数を計算する。工数の単位は、人時、人日、人月などがある。**
2. **工数の検証を行う。工数が妥当かどうかを確認するために、フェルミ推定、相場観、経験値などの方法を使って、工数を再計算し、比較検討する。**

コスト集計、製造原価算出

コスト集計とは、プロジェクトで発生した費用を分類して計算することです。コスト集計の方法は、費目別に分ける方法と直接費・間接費で分ける方法があります。費目別に分ける方法では、コストを「材料費」「労務費」「経費」に分けて計算します。直接費・間接費で分ける方法では、コストを「特定のプロジェクトに直接関係する費用」と「特定のプロジェクトに関係しない費用」に分けて計算します。

製造原価とは、製品やサービスを生産するためにかかった費用のことです。製造原価は「材料費」「労務費」「経費」によって構成されるのが一般的です。製造原価の計算方法は、「当期製品製造原価＝当期総製造費用＋期首仕掛品棚卸高－期末仕掛品棚卸高」という式で求めることができます。

コスト集計と製造原価の計算は、プロジェクトの利益を最大化するために重要な活動です。コスト集計によって、プロジェクトのコスト構造やコスト削減のポイントを把握することができます。製造原価の計算によって、プロジェクトの収益性や競争力を評価することができます。コスト集計と製造原価の計算は、プロジェクトの原価管理の基礎となります。

SECTION-37

管理計画概要

プロジェクトの管理計画の概要を下図に示します。

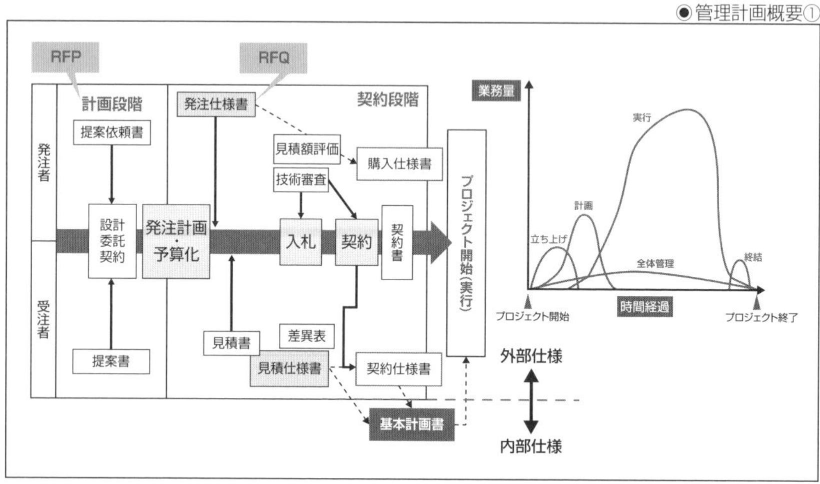

●管理計画概要①

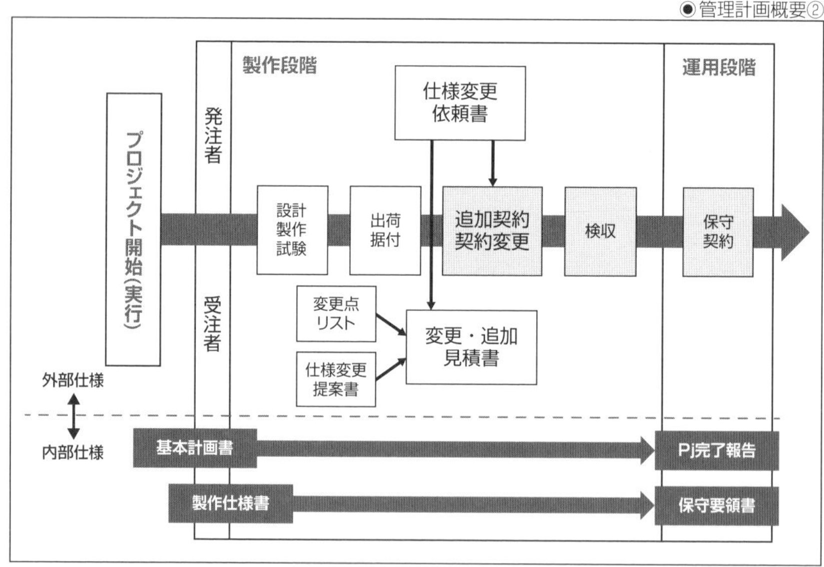

●管理計画概要②

発注側との仕様確認は契約仕様書で行いますが、受注側のプロジェクト内の実行計画は、基本計画書で共有します。

基本計画書で提示されたゴールに対して、その結果が完了報告書に記されます。また、製作仕様書にてプロジェクト運営のルールを共有します。ここに示された成果物は検収後、保守要領書の管理下に入ります。小規模プロジェクトでは、基本計画書と製作仕様書は一体化されることもあります。

基本計画書とは、プロジェクトの概要や目的、スコープ、スケジュール、コスト、体制などを定めた文書です。基本計画書には、プロジェクトの内部仕様が記載されます。

製作仕様書とは、プロジェクトの設計様式、成果物様式、管理帳票書式、報告書書式などを定めた文書です。成果物や付番ルールも記載されます。

コスト管理(原価管理)

コスト管理(原価管理)とは、プロジェクトにかかる費用を見積もり、予算化し、管理するプロセスです。コスト管理を行うことで、プロジェクトの利益を最大化する他、進捗実績の管理ができます。

コスト管理には、次のようなフェーズがあります。

フェーズ	説明
①コストマネジメント計画	プロジェクトのコストに関する方針や手順を決める
②コスト見積	プロジェクトの各タスクに必要な費用を見積もる
③予算設定	プロジェクト全体の期毎予算を作成する
④コストのコントロール	プロジェクトの進捗と実際の費用を比較し、予算超過や不足を防ぐ

コスト管理を行う際には、プロジェクトの目的やスコープ、スケジュールなどを考慮した上で、適切な見積もりや予算配分を行うことが重要です。また、プロジェクトの進捗や状況に応じて、柔軟にコストの調整や対策を行うことも必要です。

原価管理の内訳は、業種やプロジェクトの内容によって異なりますが、ここではITプロジェクトの原価管理の内訳事例を紹介します。

●原価管理の内訳事例

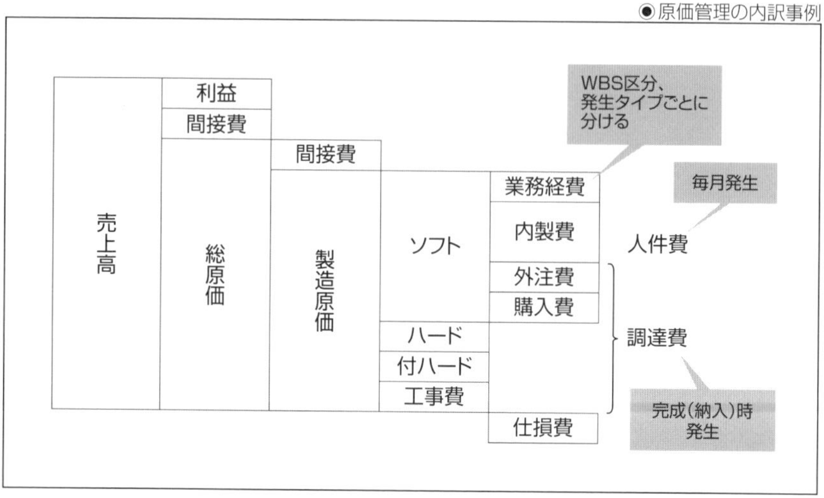

ITプロジェクトでは、主に次のような原価があります。

原価	説明
労務費(人件費)	プロジェクトに関わる人材の賃金や給与などのコスト
外注費	プロジェクトの一部を外部に委託する場合に発生するコスト
経費(含む購入費)	プロジェクトに必要な設備や備品代、施設、機械などの減価償却費用、水道光熱費、交通費、通信費などのコスト
間接費	プロジェクトに直接関係しないが、プロジェクトの遂行に必要な管理などのコスト

これらの原価を計算・管理するためには、次のようなフェーズが必要です。

フェーズ	説明
①費目別原価計算	プロジェクトの期間を設定し、その期間内に各部門で発生したコストを労務費、外注費、経費などに分類する
②部門別原価計算	費目別計算で振り分けた原価を部門別に分けて記載する。間接費に分類された原価は、特定部門固有の原価(部門個別費)と、すべての原価部門に共通する原価(部門共通費)に分ける。部門共通費は、一定のルールに基づいて各部門に配分する
③プロジェクト別原価計算	部門別原価計算が終わったら、プロジェクト別の原価を計算する。プロジェクトの直接費はそのまま集計するが、間接費については、プロジェクト固有のものと、部門すべてに関わるものに分ける。部門すべてに関わるものは、ルールに基づいて分配する

工程表の種類

工程表の種類については次の通りです[2][3][4][5]。

工程表	概要	フォロー周期 (期間1年以上のケース)
大日程工程表(ES)	システム全体の進捗	1回/月程度
中日程工程表	機能レベルの進捗	毎週または隔週
小日程工程表	プログラムレベルの進捗	毎週
DR計画	作業ステージごとの完成度	毎月
個人工程表	個人別負荷の状況	毎週
残件工程表	残件のフォロー状況	毎週、DR時
成果物一覧表	成果物の進捗	毎週、DR時
リスク管理表	リスク値の変化状況	DR時

◆大日程工程表(Engineering Schedule)

プロジェクトの全体的なスケジュールを管理するための表です。年単位や四半期単位で作業項目や期間、マイルストーンと進捗状況などを記入します。発注側や関連する部署やベンダーと情報共有します。

◆中日程工程表

自部門内のプロジェクトの詳細なスケジュールを管理するための表です。月単位で作業項目や期間、進捗状況などを記入します。プロジェクトの工程やリソース、リスクなどを把握します。

◆小日程工程表

プロジェクトの最も細かいスケジュールを管理するための表です。週単位や日単位で作業項目や担当者、期間、進捗状況などを記入します。プロジェクトのタスクや担当者の負荷、関連する並走作業への影響などを把握します。

◆DR(Design Review)計画

成果物の機能品質を定期的に評価管理します。成果物の種類やレビューの方法、担当者や開催予定時期などを記入します。

◆個人工程表

プロジェクトの各メンバーの作業内容や期限を管理するための自己管理用の表です。メンバーごとに担当している作業(当該プロジェクト以外の作業も含む)項目や期間、進捗状況などを記入します。

[2]:名称や書き方は業界や企業によって異なる。
[3]:大日程工程表(ES)は一般に外部開示スコープと連動して確定する。
[4]:中日程工程表、小日程工程表は大日程工程表(ES)のブレークダウン
[5]:DRはDesign Reviewの略。

◆ 残件工程表

プロジェクトの未完了の作業や問題点を管理するための表です。残件の内容や原因、対策や担当者、期限などを記入します。

◆ 成果物一覧表

プロジェクトの成果物の種類や内容を管理するための表です。成果物の名称やボリューム、起草者などを記入します。

◆ リスク管理表

プロジェクトのリスクの種類や影響度を管理するための表です。リスクの内容や発生確率、影響度や対策などを記入します。

トラブル対応の準備

プロジェクトマネジメントにおけるトラブル対応について説明します。

まず、トラブルが発生した場合には、次のような作業項目に分解して対応します。

- トラブルの内容や原因、影響範囲、緊急度、重要度を明確にする
- トラブルの解決策や対策を検討し、優先順位をつける
- トラブルの解決策や対策を実行し、効果を確認する
- トラブルの報告や連絡、説明を行う
- トラブルの再発防止策を考える

次に、各トラブルの事例について、それぞれの原因と解決策を示します。

◆ 契約内容を十分把握していなかった

契約内容を十分把握していないと、プロジェクトの範囲や納期、費用、品質などに関する認識のずれやトラブルが発生する可能性があります。契約内容を十分把握するためには、契約書や仕様書などの文書を確認し、必要に応じて顧客や発注者との打ち合わせや確認を行うことが必要です。

◆ 要求仕様が曖昧

要求仕様が曖昧だと、プロジェクトの目的や成果物が明確にならず、開発やテストの工程で不具合や変更が多発する可能性があります。要求仕様を明確にするためには、顧客や発注者のニーズや要望を詳細にヒアリングし、要件定義や仕様書などの文書を作成し、承認を得ることが必要です。

◆作業時間の見通しの甘さ

作業時間の見通しの甘さは、プロジェクトのスケジュールやコストの管理に影響を及ぼし、納期の遅れや予算の超過などのトラブルを引き起こす可能性があります。作業時間の見通しを正確にするためには、プロジェクトの作業内容や工程をWBS(Work Breakdown Structure)として階層に分解し、各作業に必要な工数やスキル、リソース、負荷度合いや依存関係などを評価見積もることが必要です。

◆記述ルールの不統一

記述ルールの不統一は、プログラムやドキュメントの品質や可読性に影響を及ぼし、開発やテストの効率や保守性を低下させる可能性があります。記述ルールを統一するためには、プロジェクトの開始前に、プログラムやドキュメントの記述ルールやフォーマットなどの規約を定め、プロジェクトメンバーに周知し、遵守することが必要です。製作仕様書の整備や見直しも行います。

◆構造化プログラミングやOOなどの設計作法無視

構造化プログラミング(structured programming)やOOなどの設計作法を無視すると、プログラムの品質や可読性に影響を及ぼし、開発やテストの効率や保守性を低下させる可能性があります。構造化プログラミングやOOなどの設計作法を適用するためには、プログラムの機能やデータ構造をモジュール化し、入出力や処理の流れを明確にすることが重要です。また、担当者のスキルやプログラマーとしての適性も問題になります。上長含めた個別ヒアリングで解決策を探ります。

◆階層化されていない実行環境

階層化されていない実行環境は、プログラムのテストやデバッグに影響を及ぼし、開発やテストの効率や品質を低下させる可能性があります。階層化された実行環境を構築するためには、システムの基本設計段階でソフトウェアの階層構造を可視化して、それぞれのプラグラムの関係性や位置付けを認識できるようにします。

その上で、開発環境、テスト環境などの複数の環境を用意し、それぞれの環境でプログラムの動作や性能を確認できるようにすることが必要です。

◆ドキュメントの未整備(構成管理の欠如)

ドキュメントの未整備は、プロジェクトの進捗や品質管理、さらに試験の計画に影響を及ぼし、プロジェクトメンバー間の情報共有やコミュニケーションもしにくくする可能性があります。ドキュメントを整備し(構成管理を行う)ためには、プロジェクトの各工程で必要なドキュメントの種類や内容、形式、作成者、承認者などをあらかじめ定め、ドキュメントの作成や更新、配布、保管などの管理を行うことが必要です。

◆試験可能な造りになっていない

試験可能な造りになっていないと、プログラムの機能や性能検証に影響を及ぼし、開発やテストの効率も低下させる可能性があります。さらに将来の改造やトラブルシューティングの大きな支障となることもあります。試験可能な造りにするためには、プログラムの機能やデータ構造をモジュール化し、入出力や処理の流れを明確にすることが必要です。

また、プログラムのテストに必要なテストケースやテストデータ、テストツールなどを用意し、テストの実施や結果の記録や報告などの管理を行うことが必要です。

◆保守・改良のしやすい造りになっていない

保守・改良のしやすい造りになっていないと、プログラムの修正や拡張に影響を及ぼし、開発やテストの効率や品質を低下させる可能性があります。保守・改良のしやすい造りにするためには、プログラムの機能やデータ構造を分割モジュール化し、各プログラムは構造化された(structured programming)ものにします。入出力や処理の流れを明確にすることが必要です。

また、プログラムの記述ルールやフォーマットなどの規約を統一し、コメントやドキュメントを適切に記述することも重要です。

◆参加メンバーの意志疎通の不徹底

参加メンバーの意志疎通の不徹底は、プロジェクトの進捗や品質の管理に影響を及ぼし、プロジェクトメンバー間の情報共有やコミュニケーションをしにくくする可能性があります。参加メンバーの意志疎通を徹底するためには、プロジェクトの目標やスコープ、役割や責任、スケジュールやコストなどを明確にし、プロジェクトメンバーに周知し、合意を得ることが必要です。

また、プロジェクトの進捗や成果物、問題点や改善点などを定期的に報告、連絡、相談することも重要です。

以上のようなトラブルを回避するための布石として、基本計画書と製作仕様書が特に重要となります。また、設計段階で結合試験やシステム総合試験の試験仕様を提示しておくことも効果的です。

演習課題⑥

①人が自転車と認識するために、最小限必要と思われるパーツはどれでしょうか。

◉演習①

●人が自転車と認識するために、
最少限必要と思われるパーツはどれでしょうか?

部品(参考)

- ライト
- ハンドル
- フレーム
- スタンド
- チェーン
- かご
- スポーク
- チェーンホイール
- ステム
- バッテリー
- ベル
- サドル
- ペダル
- 前輪
- ブレーキ
- タイヤ
- ハブ
- クランク
- モーター
- 反射板
- 後輪
- リム

②おばあさんは動物愛護協会から子犬をひきとり、育てることにしました。おばあさんは子犬を屋外で飼うため、動物愛護協会からの支援金と自己資金合わせて1万円以内で犬小屋を作ってほしいと社会福祉協議会に依頼しました。

Aさんは社会福祉協議会のBさんから依頼を受け、おばあさんの希望をかなえることになりました。大工仕事は近所の高校生Cさんがボランティアで担当することになっています。

この場合、AさんやBさんはどのような行動が必要でしょうか。手順を追って考えてみてください。

※回答例は204ページを参照してください。

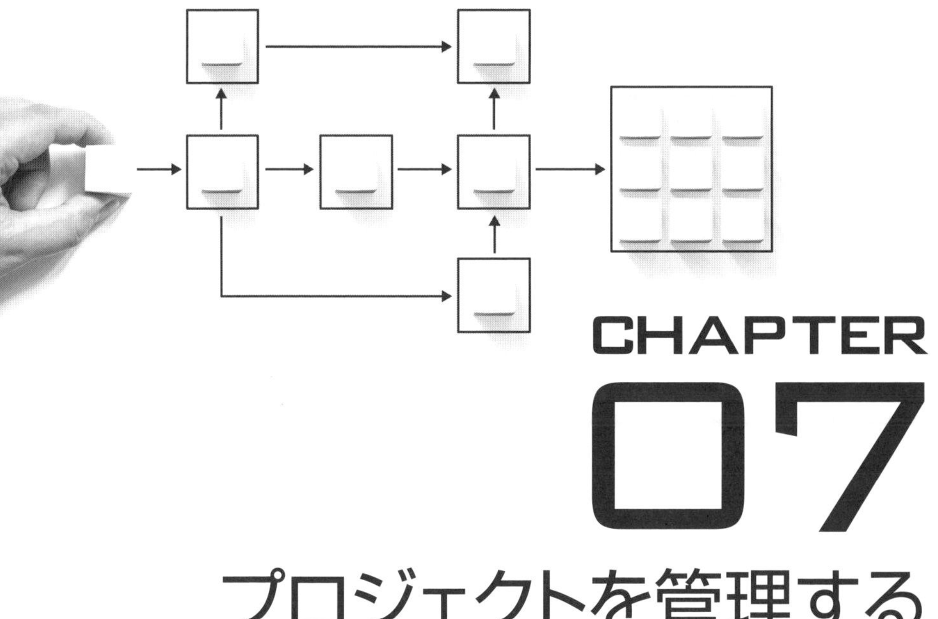

CHAPTER 07 プロジェクトを管理する

本章の概要

プロジェクトの形や進め方などの方針が決まって、いよいよ動き出す段階になると、思ったように進まない、あるいは予想外のことが起きるなど苦戦を強いられることはよくあります。

スポーツでも勉学でも決して平坦な道はありません。本章では、動き出したプロジェクトの全体把握と逸脱リスクを最小限にする進め方について説明します。

進捗管理

前章で計画したプロジェクトが開始したら、予定通り進んでいるか、障害が発生していないかなど、進捗を管理する必要があります。

進捗管理は、簡単なようで難しいものです。作業の進み具合の捉え方が人によって異なっていたり、計画の捉え方が違っていたり、仕様書の解釈を間違えていたり、予期せぬことが起きてしまうこともあります。メンバー間で誤解や見落としがなくてもなぜかずるずると遅れている、思わぬ落とし穴にはまるなど、計画時には考えていなかったさまざまな事態が発生します。

しかし、これを悲観する必要はありません。そもそもプロジェクトは不確定要素が多いものなのです。プロジェクトマネージャーは、悲観的に備え楽観的に対処すべきです。とはいえこういったリスクを最小限にしていく必要はあります。

下記に掲げる方法や帳票類を使って用意周到に論理的に管理する姿勢が重要です。

工程表による進捗管理

プロジェクト体制の規模により組織体制がいくつもの階層構成になり、それに合わせて工程表も大日程、中日程、小日程、個人工程表などと分けられていきますが、ここでは中日程を例にとって、下図に進捗管理のフェーズを示します。

●進捗管理のステップ

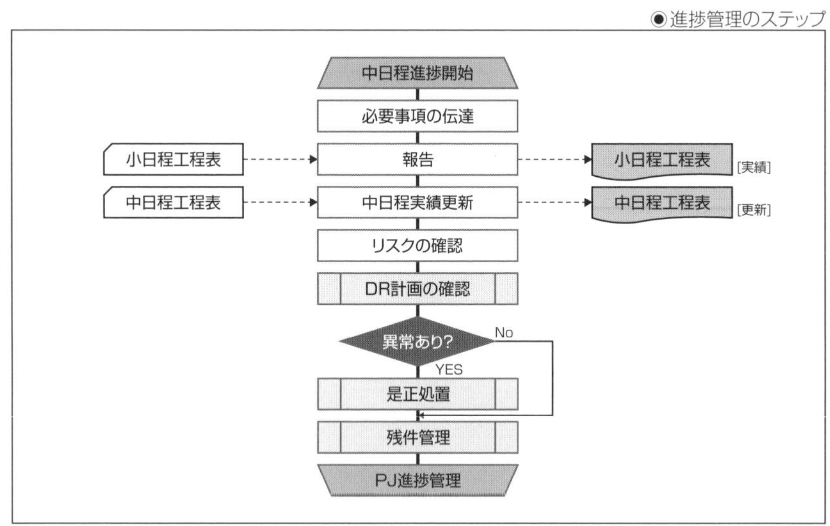

工程会議は定例的に開始するので、まず前回会議から今回までの間に起きた共有すべき連絡事項や大日程工程表（またはES：Engineering Schedule）の直近のマイルストーンについて、リーダーが伝え、サブグループ単位に各サブグループの小日程表をベースに報告してもらいます。各報告者は、工程表に進捗を縦線でつないで示し、状況を口頭説明し、課題や残件を報告します。

報告に用いる工程表の例を下図に示します。

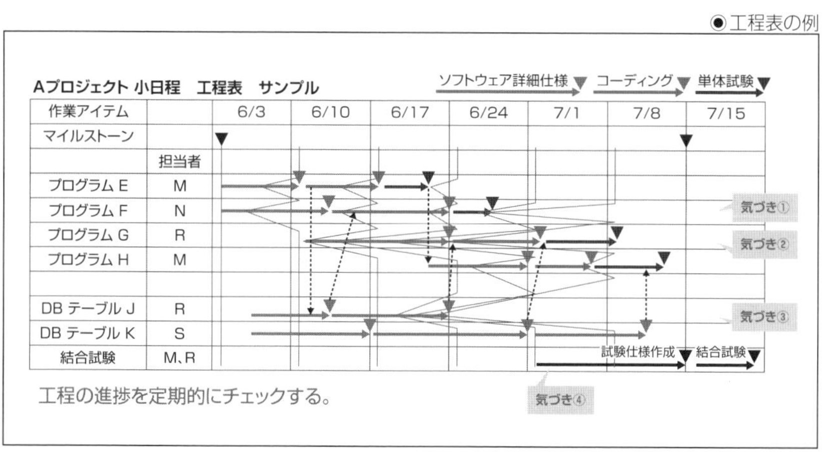

◉工程表の例

縦線がフォロー日に対して真直ぐであれば問題ありませんが、往々にして遅れが出てしまい、縦線が曲がっています。稲妻を想起させるのでよく「イナズマ線」と呼ぶことが多いようです。

上図の右端に吹き出しで気づきを書き込んであります（実際の工程表にはありません）が、この気づきで示した遅れ部分について、理由と対策、周囲へ与える影響などを情報共有していきます。なお、単に遅れを追及し担当者を追い込むようなことは避けるべきです。原因を調べて回復のための対策を共同で行うよう働きかけることが大切です。ところで、上図の下段に気づき④も示しました。ここに課題が潜んでいます（お気づきの方はプロジェクトマネジメントのセンスが高い方です）。

この気づき④は、結合試験仕様書作成の項目についてですが、担当者が、MとRになっており、MとRが担当している別項目のプログラム作成が遅れているため、じきに、この項目でも遅れが発生することが予想されます。進捗管理は、表記されていない将来表面化する可能性のあるリスクまで読み込むよう心がけることが大事です。

工程表以外の進捗管理

定例の工程表進度管理と並行して、発生コストの累積値変化もウォッチ(コスト注入管理)しておきます。計画していた成長曲線に沿ってコストが発生していればいいのですが、それを上回る場合は、何らかの異常な出費が発生していることになります。ただこれは、日々の業務で気がつくと思います。要注意は、成長曲線を下回る場合です。コスト削減の結果として下回ればいいのですが、作業が遅れていて支払いや付替え時期がずれている場合があります。工程表による進捗と照らし合わせて管理します。結果を管理するだけでなく翌月の発生コストも予測しつつ管理していきます。経理や調達担当と連携して管理するとより高いレベルの管理ができます。

また、完成した設計書やプログラムなどを成果物として管理表により管理します。成果物はシステムを発注側に引き渡した後も手許に残る無形の知的財産です。

ハードウェア製品の製造や購入品はモノがあり、保証書や説明書などもあって実物管理できますが、ソフトウェア製品は具体的なモノが見えないだけに管理が甘くなりがちです。ソフトウェアの成果物管理を怠ると、後日、変更改訂やトラブルフォローの場面で困ることになります。また、このプロジェクト実績をもとに次のプロジェクトに臨むときもソフトウェアを再利用可能にしておくことにより、業務効率を飛躍的に上げることができます。後工程のため、生産性向上のため成果物管理は極めて重要です。さらに重大インシデント[1]が発生したときや外部監査が入ったときには端的に技術力や管理能力を問われることになります。トレーサビリティ[2]が確実に行えるよう管理していくことは、ビジネス継承、コンプライアンス[3]上も重要です。成果物管理表の例を下図に示します。

●成果物管理の例(設計書)

設計書管理台帳

図書番号	改訂番号	図書名称	登録日	最新改訂日	図書番号(外部管理用)	図書属性					備考
						先行参照図書	頁数	再利用率	関連図書	DR番号	

[1]:事件、事案。何らかの問題が発生して、アクシデント(事故)が発生する直前の状況になること。
[2]:追跡可能性。
[3]:法令順守、社会道徳や規則などを守ること。

◉成果物管理の例(ソフトウェア)

プログラム管理台帳

タスク名	設計書名	改訂番号	再利用元(流用元)	登録日	最新改訂日	上位設計書	ソフトウェア属性					リリース日時	備考
							ステップ数	実行サイズ	再利用率	単体試験番号	実行環境		

進捗管理は工程表だけでなく、発生コストや成果物など、多角的に管理することが重要です。

是正処置と試験・現調管理

作業進行に伴い、設計の変更や修正を迫られることはよくあることです。このような予定外作業が発生してもプロジェクト全体は、立ち止まらずに先に進めていく必要があります。

◆残件工程表

計画作業以外に、各個別工程で浮かび上がった残件だけを集めて、別だしの残件工程表を作成し工程進捗管理に含めてフォローしていきます。残件工程表を作成しておくと対策をするときにも整理された議論展開を行いやすくなります。作業漏れや負荷の偏在を見つける効果もあります。業界によっては、アクションリスト、パンチリストなどという名前で、期日までに行うべき事項を残件も含めてリストアップして情報共有しています。

◆是正処置

原因が明確な場合は、対処の方法をまとめやすいのですが、なぜかずるずると遅れていく場合があります。これを放置しておくと厄介なことになるので、早め早めに実態調査をして原因を絞り込む必要があります。リーダーとしては、担当者を叱咤激励したり、自ら手を出して自身のやるべき管理業務を忘れてしまうことのないよう、客観的・科学的に対処することが大事です。

多くの場合、遅れの原因は、3つ考えられます。

- 原因① 計画に無理があった。着手時に必要な要件が揃っていない、見積工数が過小だったなど。
- 原因② 当事者の実行能力不足、負荷集中、稼働率低下など。
- 原因③ 新たな技術的課題の出現、未経験の現象発生など。

原因①、原因②の場合、計画した工程表の見直し、体制見直し、担当業務量の再調整などを行います。原因③の場合は、関係者を集め緊急対策会議を開催します。問題が大きければタスクフォース[4]を起こして対処します。合理的に論理的に対処してプロジェクト参加者全員が納得できるような対策を打っていくことが大事です。

遅れが発生した場合、対策内容は、直接関係者だけでなく、支障のない限りプロジェクト参加者全員にオープンにしていくことがチームワーク作りに大切です。

トラブル対策、品質対策については、後述します。

◆試験と現調管理

設計を終えたとき、完璧だと考える設計者は実に多いです。しかしそんなことはまずありません。設計終了した時点は、たたき台ができたということです。そこから使用に耐えうるものにブラッシュアップするという姿勢が重要です。

試験は単体試験、結合試験、総合試験と大きく3段階あります。その後に現地調整、または現物合わせや実証試験、受入試験などの段階があります。

単体試験は、文字通りプログラム単独の試験です。デバッグ試験といっている業界もあります。試験開始前にプログラム仕様書に関する諸データ、品質パラメータ[5]や試験項目を開始前確認帳票に記載しておきます。単体試験実施とプログラム修正など、作業完了後に終了時確認帳票に実施記録を品質パラメータとともに記載しておきます。開始前、終了時の記録は、業務エビデンスであると同時に次の結合試験につながる重要資料です。

特にプログラムの各所にあるエラー処理や待ち時間処理は、この単体試験ですべて確認しておきます。これらは、次のフェーズの結合試験やさらに次の総合試験では、確認できないプログラムパスがほとんどなので、漏らさずすべてチェックします。

[4]：もともとは、軍隊において特定の任務のために編成される部隊。ビジネス場面では、重要課題を遂行する臨時のチームのこと。

[5]：品質を保つための指標となる定量的な値のこと。指標。現状を示すもの、将来の品質向上の先行指標となるものなど。

結合試験は、業界により組み合わせ試験ともいいます。複数のプログラムやI/O機器と組み合わせてその機能が仕様書通りに実現されているかを確認します。

なお、結合試験を行うにあたっては試験のクライテリア(判定基準)は、ソフトウェア仕様書または個別のシステム機能仕様書の記載事項ということになりますが、仕様書をそのまま試験に利用することは作業的に効率的ではないので、通常、下記3つの図書を起こします(省略、合体することもあります)。

- 試験仕様書(何を試験するか、判定基準の提示)
- 試験法案(どのような試験をするか、方法の提示)
- 試験手順書(安全や資産保全も考慮した実際の試験作業手順の提示)

試験仕様書は、試験を行う前提や試験のクライテリア項目を列記します。また、顧客への説明に用いたりします。試験法案は、試験クライテリア項目を確認するために必要な試験環境や機材と試験の大まかな方法を記します。試験手順書は、特別な環境の場合や、機器設定や実行環境設定に細心の注意を要する場合に、安全管理や資産保全なども考慮して作業手順を詳細に記載して作業の漏れやミスをなくしていこうとするものです。

結合試験も単体試験と同様、開始前確認書と終了時確認書をエビデンスとして残します。

総合試験は、プロジェクトのすべての要件(プロジェクトによってはいくつかに分割する場合もある)が矛盾なく組合されて要求されたシステム機能を満足しているかを確認するものです。これは、発注者と試験仕様を取り決めて、システム引き渡し要件として確認していきます。

現地調整は、製品のレイヤー構成の表層に位置するソフトウェアによっては必要になってきます。他社製品やセンサー、アクチュエーターなどと現地合わせを行う場合も必要です。また現地は工事中の場合や各種の大型装置が稼働している場合もあります。高電圧電源もあります。それゆえ特に安全衛生面の管理が必要になります。安全確認、作業確認のチェックリストや現地用の試験法案または作業手順書は、入念に用意します。ソフトウェア製品であっても現地でトラブルや事故に遭遇することはあり得るので注意が必要です。当然ながら現地調整もエビデンスを必ず残すようにします。

SECTION-40

情報共有

プロジェクトの進捗管理を行うにあたり、情報共有は、会議、デザインレビュー(DR)、ウォークスルー(WT)、ツールボックスミーティング(TBM)など、いろいろありますが、設計図書以外に使う書類は大きく4分類できます。

- 議事録
- 連絡文書
- 業務報告
- トラブルレポート(不適合報告または不具合報告)

議事録

議事録は、会議の記録として、また次回案内や残件管理として有効なので、プロジェクトとしてできるだけ統一した様式で運用すると便利です。下図に様式例を示します。

◉議事録の様式例①

発行日：　　年　　月　　日

件名		文書番号：	
日時		管理区分：	
場所		保管区分：	
出席		打合せ資料名（番号）：	
議事内容		処理区分	担当（日限）
次回予定	日時：		
	場所：		
	議案：		
確認	配布先：	発行承認　調査　起草	

注記：

管理区分：業務管理文書規定による重要度分類、公開範囲などを示す区分記号を書く。
保管区分：業務管理文書規定による保管方法、保管期間などを示す区分記号を書く。
処理区分：仕様の確認事項（C）、仕様の変更・追加（R）、持ち帰り処置事項（P）、注意・関係部署伝達事項（A）　などを記載。
担当　　：処理区分のP、Aについて、担当グループまたは担当者名と日限を記載。

★注意

1. 処理Pは、他への影響が大きいものは、パンチリスト（残件一覧）に転記する。
2. 処理Rは、営業担当が定期的に集計し、契約事項や追加請求の参考にする。

◉議事録の様式例②(委員会や定例会議などの例)

yyyy 年度　第 n 回　AAAAA 会議　議事録

文書番号：xxxxxxx

■日　時　：　yyyy 年 mm 月 dd 日
■場　所　：　○○会議室
■参加者　：　山田太郎、田中花子、鈴木一郎（記）
■議　題　：　（開催案内に記載の議案を書く）
1、前回議事確認
2、
3、
4、その他　連絡事項等

■議事内容：
1、前回議事確認
2、
3、
4、（次回以降の日時確認、議案確認・調整）

以上

この例では、区分処理の記載を徹底することが管理精度を上げる上で重要です。また、正式契約書を交わしたプロジェクト案件では、顧客との打ち合わせにおいては、会議終了直後に速報版を発行し後日(3〜10日以内を目処)正式版を発行することが普通です。特に海外プロジェクトでは厳格運用しています。

連絡文書

連絡文書は、プロジェクト内チーム間や外部との連絡をとるために様式を制定しておくものです。運用方法を取り決めておくといいでしょう。

業務報告

業務報告は、毎日、または毎週、定期報告に用います。口頭報告のみになっているケースがありますが、設計段階の報告書作成は担当者の頭の整理になり文章力を高め、ひいては設計書の質を上げることにつながります。さらに次の行動準備にもなり、一方で報告書を受け取る側は進捗把握の時間短縮になるので、運用するとよいでしょう。

様式例を次ページの図に示します。

◉業務報告書の様式例

XXXXプロジェクト　YYYチーム　週報	発行日：		発行者：	
今週の業務内容				
課題・リスク要因				
来週の業務予定				
特記事項				

できるだけ簡潔に、しかしキーワードのみ書くのではなく、複数行を文章として書くように指導することが重要です。チームにあった使いやすい様式を工夫することもいいと思いますが、凝りすぎは禁物です。

トラブルレポート

トラブルレポートは、何らかの問題が発生したときや是正処置が必要な場合に起草します。不具合報告、不適合報告、インシデントレポートなど、業界によりいろいろな呼び方があると思います。簡易な様式例を下図に示します。

◉トラブルレポートの様式例

システム名		発行日		発行番号	
問題現象				発生日 発生場所 発生箇所 作業者 作業名	
		発行元	承認：　調査：	起草：	
処置				処置日	
		発行元	承認：　調査：	起草：	
対策				処置日	
		発行元	承認：　調査：	起草：	
類発防止				処置日	
		発行元	承認：　調査：	起草：	

トラブルレポートは、関係者の情報共有を図り、問題解決を速やかに実行するために重要です。さらに再発防止など、予防的処置にもつながり、組織やシステム全体の品質向上につながるものです。

しかし、多くの場合、トラブルが起きた場面では現場が混乱していたり時間に追われていたりしていて、トラブルレポート発行が遅れたり未発行となってしまったりすることがままあります。

トラブルレポートは業務エビデンスとしても大変重要なので、起きた現象や状況を漏れなく記載するように努めます。トラブル事象を情報共有することは、他のトラブルの未然防止にもつながります。

発生した問題に対して、対策は大きく3段階あります。対策を分類せずにひとまとめで終わらせるケースも散見されますが、フェーズを分けて考えたほうがよいでしょう。

1 処置(仮処置、本処置)
2 再発防止対策
3 類発防止対策

問題が起きた状況を原因内在部分と背景部分に分けて、原因内在部分の対策を打つことを再発防止対策とし、背景部分について分析し広く対策を講じるものを類発防止対策とします。類発防止は、システム全体を把握した上で、品質管理のセンスが要求されるので、一朝一夕には難しいかもしれませんが、チーム力向上、設計力向上の絶好のチャンスと捉えて取り組むとよいと思います。

安全管理、品質管理、トラブル対応

プロジェクトマネージャーは、安全衛生管理責任者、品質管理責任者でもあります。また、トラブル発生時は、そのトラブル収束の責任者にもなります。そのため、安全、品質、トラブルについて、基礎的な知識は身に付けておきます。

安全、衛生、品質に関しては、日々の活動は華々しいものではありませんが、怠ると、予期せぬ事態が発生したときに、プロジェクトの中断、ビジネス崩壊、死傷者の発生などに至る可能性があります。大きな問題に至らない場合でも法規違反などにより社会的信用を失墜させかねないこともあります。そのため、特にリーダーは、事前に安全と品質についての基礎知識について情報武装しておく必要があります。

管理の基本

59ページで説明しましたが、トラブルにはインシデントとアクシデントがあります。インシデントには当事者も気がついていないケースもあります。多くのインシデントが発生している現場である日突然アクシデント発生に至るといわれています。古くにはハインリッヒの法則が有名です。

安全対策は全員参加で、インシデントを発見発掘、共有し、アクシデントに至る芽を摘むために日々の活動が重要です。また、過去のプロジェクトから事例をサーベイしてリスク感度を上げておくことも大事です。下記に事故防止の対策を示します。

- 危険予知訓練(KYT)の励行[6]
- 社内過去トラサーベイ
- 失敗学会などを利用して失敗事例に学ぶ
- 定期的な作業マニュアルの見直し

何か起きてから対策を講じるのではなく、災害は起きるものと考えて予防対策をとることが大事です。全員の感度を上げる努力が必要です。

[6]：職場や作業の状況の中に潜む危険要因とそれが引き起こす現象を、職場の状況を描いたイラストを使って、また作業をして見せたりしながら、小集団で話し合い、危険ポイントや重点実施項目を確認して、事前に解決する訓練。頭文字をとってKYT活動ともいう。

KYT活動は、ほとんどの工場や建設現場で実施されています。事務所内作業が多いと、関係ないと無視してしまう人も多いのですが、交通事故防止や転倒事故防止にもなりさらにUI(User Interface)設計の知見も向上します。ある作業現場の図について、グループでヒヤリとする可能性を各人が指摘して、その危険性を討議します。指摘は複数集めます。多いほど危険予知の感度が高まります。

KYTの一例を下図に示します。

●KYT(危険予知訓練)の例

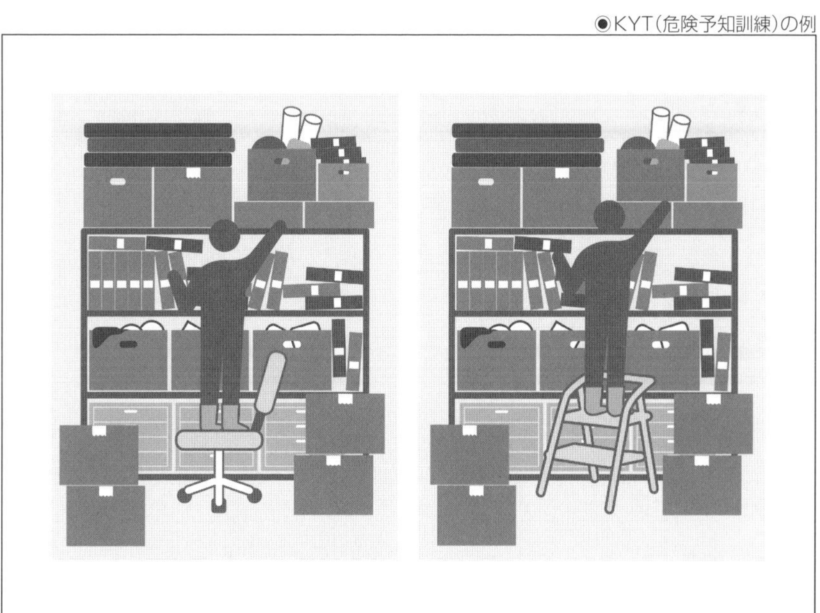

この図を見てヒヤリハット事例をグループで複数件探します。ものづくりに関わっている方なら1人で5～7件以上見つける方が多いと思います。チームでやれば10件以上発見できると思います。

安全については、法令に定められたものの他、多くの規格や報告が発行されています。プロジェクト開始前に、関連する法令や官公庁が発行しているガイドライン、規格類は調べておきユーザーとサプライヤーとで整合をとっておく必要があります。実際にはそれぞれの業界で確立されていることがほとんどですが、暗黙知のケースもあるので注意が必要です。

「不知は免責されず」という言葉がありますが、アクシデントが起きてからでは手遅れです。特に抑えたい事項を下記に示します。

安全管理

「安全第一」という言葉がありますが、安全はすべての活動の最優先事項です。安全管理の対象は、完成品の使用に関する安全と、制作過程に関する安全の2通りあります。前者は企画・設計・検査・納入時の各段階において利用者が安全に利用できるかを管理します。

後者は、プロジェクトのすべての段階で、関与しているすべての人が安全に活動できているかを管理します。また、管理者だけで管理するのではなく、全員参加が基本です。

◆製品安全

製品安全については、関係省庁がガイドラインを策定しているので、それを参照しましょう。ISO/IEC規格類も多く発行されています。ただ、製品安全は各企業商品のコア部分に係ることが多く、必ずしもオープンになっていないこともあります。また、ロボットやドローン、AIなどの最新技術については遅れて規格が整備され、法令制定されることになるので、先端技術開発や新規事業においては参照するものがなく、注意が必要です(逆にチャンスでもあります)。

法令や規格、ガイドラインに関してはネット検索で容易に情報入手できますが、長大な文書になっていることが多いので、都道府県の産業技術研究センターなどの公的支援機関や最寄りの業界団体に相談したほうが手っ取り早いです。また、NITE[7]やJST[8]のホームページを参照することもいいと思います。

製品の安全設計については多くの技法があります。主な技法を参考に下記に示します。

技法	概要
ゼロメカニカルステート(ZMS)設計	製品が保有している種々のエネルギーがすべてゼロになったとき、安全性が最も高くなるという考え方を基本として設計
フェールセーフ設計	故障が発生しても安全側になるように配慮した設計
フールプルーフ設計	人の不適切な行為、過失があっても安全性が損なわれないように配慮した設定。チャイルドプルーフ、タンパープルーフ、ミステイクプルーフなども考え方は同じ
ツーハンドコントロール	両手で同時に操作しなければ、装置が動作しないように配慮した設計。安易な操作を避ける
冗長設計	システムの構成要素や機能の実現手段を複数用意し、一部に故障が発生しても上位系の障害に至らないように配慮した設計
ディレーティング	部品に加わるストレスを軽減するために、定格値を下回る値で使用すること
防衛的プログラミング	不正な入力があっても、あるいは、実行環境に異常があっても、極力被害を受けないようにしたプログラム作成法

[7]:独立行政法人 製品評価技術基盤機構(NITE)のこと。
[8]:日本規格協会の略称。

この中で、特に重要な技法（というより設計思想）は、フェイルセーフ設計とフールプルーフ設計です。家庭電気製品や車など多くの箇所に見られます。皆で探してみるのも良い訓練になります。

たとえば、電子レンジの扉は作動中に開くとマイクロ波は停止します。車のドアにはチャイルドロックがあります。過電流が流れるとNFBが切れます。こういった事例は他にもあります。自身の設計にも何らかのリスクが潜んでいないか、誤操作したらどうなるかを考えてそれでもより安全な方向になるように仕組んでいくことが大事です。

◆労働安全、職場安全

複数のメンバーが特定の職場で働く場合、安全に快適に働くことができるような職場環境を用意し、業務に集中できるようにすることが大事です。法的対応が必要になることも多々あります。詳細は専門部署や専門家に委ねるとしても、労働基準法と労働安全衛生法の概要は把握しておくべきです。また、その業界や行政地区ごとの取り決めがある場合もあるので、下調べが大事です。

定期的にTBM[9]やKYTを行うようにして、危険に対する感度を維持し、防火防災の担当者も決めていざという時に備えるようにしましょう。

品質管理

品質管理は、管理者や専門部署が担当するものと思っている人が時々いますが、安全管理と同様に全員参加の管理事項です。

◆品質管理の基本

品質を管理するとは具体的にどういうことなのか、リーダーは深く認識しておく必要があります。ただ良いものを作ろうというだけでは、多数の要素からなるシステムの品質を維持向上させることは難しいと考えられます。自分達が世に送り出す製品の品質とは何かを全メンバーと共有していくことが重要です。

一般的定義として、製品の品質とは、製品の要求事項を満たしている（度合いの）ことです。満たしていなければ当然ユーザーは不満を抱くでしょうし契約違反に問われます。一方で大幅に満たしていても必ずしも評価されることはありません。逆にもっと安くできたのではないかと勘ぐられてしまうことや、将来のリプレース時の障害になってしまうようではシステム継承者に恨まれてしまいます。

[9]：ツール・ボックス・ミーティング（TBM）。職場で行う作業打ち合わせのこと。

また、品質評価には第3者による評価も重要です。独りよがりに評価することは危険です。

当初定めた要求事項を確実にクリアし、それ以上でも以下でもないシステム、平凡な無駄のないシンプルなシステムを目指すことが大事です。Simple is Bestです。

なお、製品の品質は、製品そのものだけではありません。説明書もアフターケアも品質の一部です。さらに携わるメンバー(と、そこに係わるヒストリー)も品質の一部です。参加チームはスキルだけでなく、服装、マナー、プレゼン能力も含めて総合的に品質の一部です。

しかもチームの品質力は、プロジェクトが完了した後も手許に残る貴重な経験であり見えない資産です。プロジェクトを経験したことで、チームの品質力が向上し、さらに参加メンバーの人間力が向上するようになれば、次のフェーズへのステップアップにつながります。

◆製品品質の要求事項

品質に関して製品の要求事項を俯瞰すると大きく次の2つが挙げられます。

- 機能要件(契約仕様書、要求仕様書に記載された要件)
- 非機能要件(明記されていないが社会通念上クリアすべき要件)

機能要件については、大規模プロジェクトでは、詳細に文書化されています。特に海外案件では、重要です。発注側の品質監査も仕様書に記載された内容の確認に注力します。記載事項を実現していることのエビデンス(証拠、記録)が求められます。仕様書に対応した試験成績書など、追跡可能な文書体系が必要になります。

機能要件は、「見える品質」「見える問題」ともいわれます。ただ、現実には、見えていなければいけないはずの問題が見えていないことも起こりえます。上流工程から下流工程への図書体系に抜けや齟齬、曖昧さがあると問題発生の素地となります。また、メンバー間の情報共有がなされていない場合もつまずきのもとになります。

非機能要件は、「当たり前品質」「見えない問題(隠れている問題)」ともいわれ、いろいろ議論がされてきました。

伝統ある職場や業界、集団には、文書化されていない暗黙知があります。初期のコンピュータで囲碁ソフトを作ろうとしたときに、囲碁のルールが文書化されていなかったという有名な話があります。現代でもそのような事例は多々あります。

さらに文書化も口伝もしない「業界の掟」みたいなものもあるので、未経験分野に係る場合は事前調査やコンサルタントの確保も必要です。

特に海外案件で日本とはまったく異なる文化風習の地域で行うプロジェクトは注意が必要です。

なお、非機能要件は、ビジネスベースでは、契約書や仕様書には現れない要件がほとんどで、プロジェクト内部の製作用仕様書に現れてくることになります。この当たり前品質としての非機能要件は、機械や電機品については、ISO・IEC・JISや法令・行政指導、業界申合せ事項など、一部明文化されているものがあります。しかし、ソフトウェアについてはガイドラインがほとんどないので、リーダーはソフトウェア仕様書作成時やプログラミングの前にあらかじめ注意点を明文化しておく必要があります。これはかなり大変な作業ですが、最低限のルールを文書化し少しずつ追記補正の改訂をして、ノウハウ集とすることがよいと思います。

非機能要件として、下記は最低限、押さえておきたい事項です。

- 安全の確保(システム停止、アプリソフトの停止時にヒトや環境に危害や損害を与えない仕組みづくり。フェイルセーフ設計、リカバリー処理など)
- ヒューマンエラー対策(人間工学に基づいたUI設計、フールプルーフなど)
- トラブル発生時の対応処置(ロガー、トラップルーチン、リカバリールーチンなど)

◆障害と故障について

システムは複数の要素からなりそれらが階層的に構成されたものとなります。特にソフトウェアは、複雑な多段階構成となっていきます。ところが、システム設計やソフトウェアのフレーム設計段階の検討が不徹底な場合、何とか動いたとしてもぐちゃぐちゃな、いわゆるスパゲッティソフトウェアと揶揄される事態になります。設計をきちんと行わずに、いきなり家を建て始めるようなものです。これでは改修や増設は大変なことになります。一方で、ソフトウェア処理にエラーはつきものです。そしてめったに発生することのないエラーがシステム機能を損ねてしまい大事故に至る可能性があります。

そこで、システム構築にあたっては、仮にトラブルが発生したときにおいてもシステム的に現象を捉えられるよう障害と故障について、階層的なシステム概念を整理しておきましょう。この概念整理をしておくと、結合試験や総合試験の際にも、体系的に取り組むことができます。

障害と故障という用語は、業界や技術分野によって、同義的に使われたり、別定義をしていたり、さらに定義が逆になっていたりしますので、特に規模の大きなシステムプロジェクトでは、用語の使い方に注意が必要です。下図に障害と故障についての定義、階層構造、要因を提示しておきます。

◉障害と故障（定義）

障害（Fault）
要求機能を実行できない状態（不具合）

故障（Failure）
要求機能を実行する能力がなくなる事象
（なお、安全設計では、安全側故障と危険側故障に大別する）

用語は技術分野、産業分野毎に定義されていて統一されていない!
特に、「故障」と「障害」の用語は逆転して使われることもある。

◉障害と故障（JISの解説）

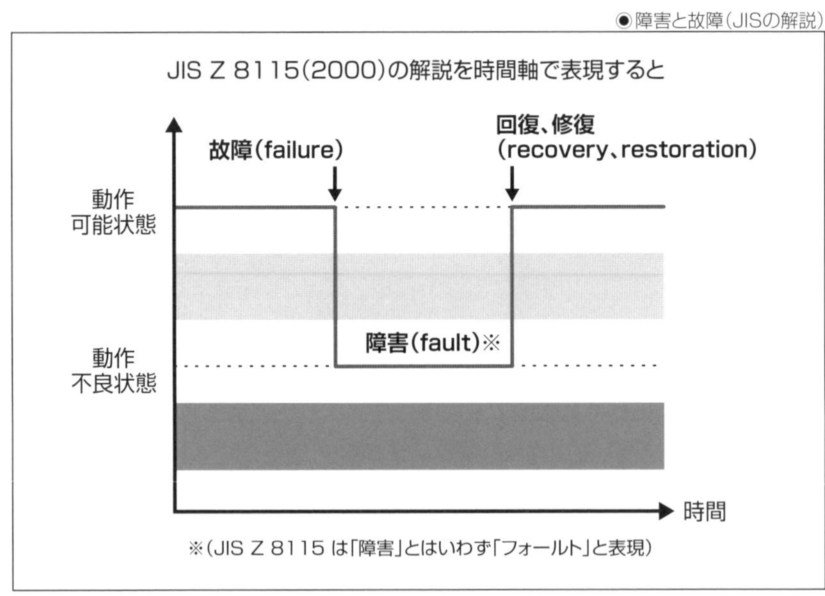

●障害と故障（階層構造）

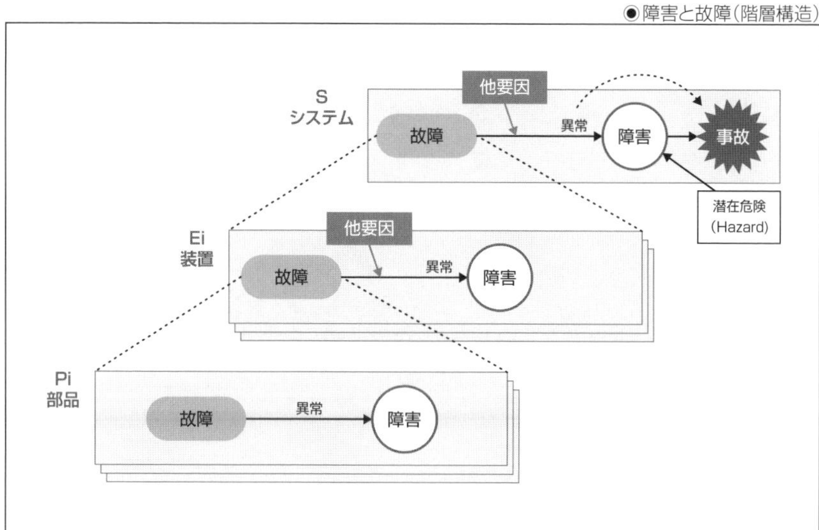

●障害と故障（障害の要因）

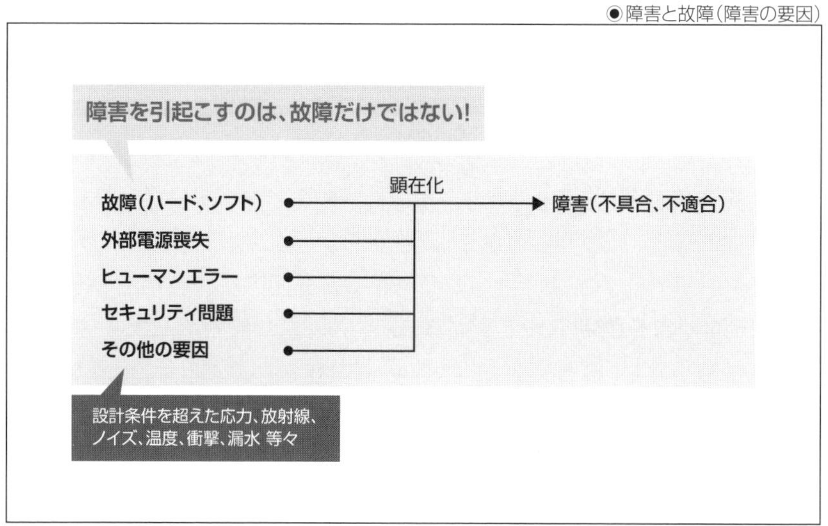

◆製品トラブル対応

総合試験やシステム運用時にトラブルが発生した場合、現象がシンプルであれば、原因特定も容易ですが、システム障害の中には原因究明に手間取る場合があります。障害対応に時間をとられることは大きな損失になりかねないので、あらかじめ障害対応の業務規定を用意しておきます。大きな障害発生時の一次対応として一般的なフェーズを次ページの図に示します。

◉大規模障害発生時の対応パターン

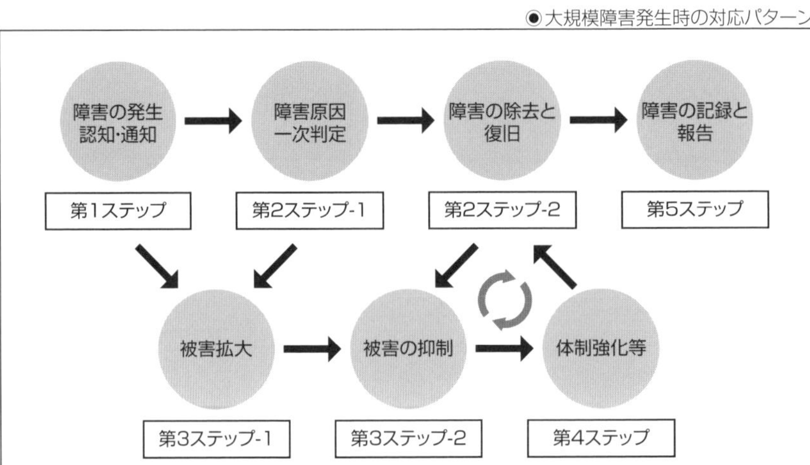

トラブル発生時は、通常とは異なる対応が必要となるため、判断ミスを誘発し、関係者連携も予想と異なる方向へいってしまうなど、収束させることが大変です。職場の避難訓練と同じように訓練や演習で疑似体験しておく必要があります。

トラブル発生時の経緯は、上図に示すように障害の発生を認知・通知(第1フェーズ)することから始まります。通知は通常の連絡・報告だけでなく、障害の規模に応じて顧客や監督官庁、周囲のステークホルダーへも行う必要があります。同時に、居合わせたメンバーが障害原因の一次判定とその除去・復旧にあたります(第2フェーズ)。さらにある障害が被害を拡大させている可能性があるので、被害拡大の抑制も必要となります(第3フェーズ)。被害対策と体制立て直し(第4フェーズ)を行い、システム障害の除去と復旧に戻り、いったん収束となりますが、障害の記録と報告(第5フェーズ)を忘れてはなりません。

図には記載されていませんが、その後のフェーズとして、恒久対策と再発防止策を講じることになります。システムの復旧で収束したと考えがちですが、復旧は、応急処置・仮処置だけの場合がほとんどです。しっかりと恒久対策を打つことと、そのような類似トラブルが他のシステムでも起こることのないように再発防止策まで考えることがプロジェクトマネージャーの使命です。

◆トラブルに遭遇した後の再発防止対策

応急対応がひとまず落ち着いた後、原因究明と再発防止策を講じるため、事前にトラブル対応のマニュアルを用意しておくことが最善ですが、基本的なトラブル対応時のアプローチを下記に示します。これは推理小説に登場する探偵のアプローチ方法にも似ています。

1. 発生事象の事実確認を行うこと。
2. 因果関係をシステム的にさかのぼること。
3. 直接引き金となった原因を列挙し、そこから絞り込む。

まず、1にあるように実際に発生した事象の事実確認をします。重要なことは個々の現象発生の時刻順序確認です。また、関係者の証言は重要な手がかりですが、事象全体の一断片なので、その人の見聞きした現象は、全体事象そのものではありません。トリックアートのように、見えているものと現物(実際の事象)が違っていることはよくあります。昔からよくいわれている3現主義(現場、現物、現実)は、基本動作です。

次に2の原因を調べる段階では、物理学の基本の1つでもある因果(原因が結果を生む、この関係が逆転することはない。時間の流れが逆転することはない)関係を整理します。トラブル発生時を起点に時間をさかのぼって事象の推移を整理します。責任回避や押しつけにならないよう、させないように注意しながら客観的に冷静に事象の順序を調べます。

3の対策検討段階では、多くの場合、ある事象の原因が1つということはありません。複数の原因が絡み合って事象が発生しますが、処置が急がれている場面で、すべての原因に対策を講じることは時間的にもコスト的にも大変ですし、対応が発散しかねません。それで、有力な原因を絞り込みます。有力な原因を一次原因とし、その他の原因は二次要因、背景要因として、後日再発防止、類発防止の対策とします(ミッションクリティカルなシステムにおいては、妥協することなくすべての原因・要因について対策が講じられます)。

リーダーは、原因が見つかり処置が1つになったとしてもその原因を引き起こした背景要因は複数考えられることを認識しておく必要があります。

原因究明は事件の犯人探しと似ていますが、罪人探しではありません。何が悪いのか、どういうときに起きた問題なのか、現象面を捉えるだけでなく、その背景要因まで分析し対策を講じないと、同じようなトラブルがまた発生してしまいます。

トラブルは前述したように多くの要因が絡んだ複合的な事象として発生するので、とりあえず応急処置は完了してもそれが恒久的な対策となっているかどうかは別問題です。プログラムのバグが見つかって、それを修正したのは、「処置」がなされただけであって、再発や類発を防止するための「対策」は、別問題です。処置と対策がまったく同じであればいいのですが、そういう例はほとんどありません。処置が終了してシステムが復旧した後も二次要因や背景要因を改めて関係者で討議して恒久対策を講じます。

◆トラブルに遭遇した場合に備える事前対策

トラブル発生時は、いつもと作業手順も異なるだけでなく、連絡先も大幅に広がります。しかも時間的にも余裕がありません。そのため、あらかじめトラブル発生時の連絡ルーチンと報告フォーム、非常時体制表を作成しておき、机上演習をしてグループ内で情報共有と連携プレーの確認をしておくことが必要です。

ソフトウェアシステムには、原因究明が容易になるよう処理履歴を追えるようなロガー機能やトラップルーチンを埋め込んでおくようにします。また、積極的にエラー通知や異常通知のメッセージ出力を行うような通報機能も必要です。さらにシステムを切り分けて、それぞれがある程度自律的に動作できるように体系化・層構造(コンポーネントウェア、SPL(Software Product Line)など)にしておきます。

このようにトラブル発生箇所を部分的に全体システムから切り離して、ローカルに試験や変更ができるようにしておくことも重要です。

ユーザーが発生現象を容易に判断できるようにすること、原因究明を容易にできるようにすること、迅速な処置と復旧ができるようにしておくことが大切です。

◆トラブルに遭遇しないための事前対策

トラブルを生じないようにするためには、品質の良いシステムを作り上げることですが、その対策としてメンバーのスキル向上を追い求めてもそれだけではかないません。規模が大きいプロジェクトほど、個々人の技術向上以外にシステム的な処方も必要になります。

主な処方を下記に提示します。基本は安全対策と共通するものになります。

1 過去のシステムトラブルをサーベイして品質感度を上げる。

2 ヒトの特性、集団の特性を理解して設計にあたる。

3 全体システムを一人で管理可能な範囲までサブシステムに切り分ける。

4 非常時用応急処理ルーチンの整備やリカバリー機能を整備しておく。

5 リアルタイム処理は、プラットフォーム依存を最小限となるような設計を行う。

上記のうち、1については、できるだけ全員参加する形で、過去のトラブルについて情報共有し、さらにそのトラブル防止策も討議しておくことで、メンバーの品質感度を高めることができます。防止策は担当者によりいろいろなアイデアが出てくると思います。グループ討議の相乗効果を発揮する良い機会になります。

2については、ほとんどのトラブルがヒューマンエラーを抱えています。操作者の未熟さだけでなく、エラーを誘発するUIデザインが問題になります(ヒューマンエラーについては次章で詳しく解説します)。

3については、プロジェクトマネジメント技法ではブレークダウンと呼び、ソフトウェア工学ではビルディングブロック、あるいはコンポーネントウェアなど、いろいろな技法がいわれていますが、なかなか定着していないと思います。リーダーはかなり意識してフレーム設計を誘導する必要があります。また、単にサブシステムに分割するだけにしているケースもままありますが、個々のサブシステムは、自律性を高めて全体システムが稼働中でも個別に切り離して単独改修や単独試験可能となるように独立性を高めておきます。オブジェクト指向設計が重要です。

4については、システムがロックアウト状態になったときやセキュリティ上の脅威に備える、もしものときへの対策です。使用者の生命、財産(データ)保護、環境保護の視点から、必ず整備をしておきます。プロジェクトの対象システムが、そこまで機能要求しないときは、少なくとも説明書レベルで、システムの境界(限界)を示しておきます。

5については、アプリソフト開発時に便利さからプラットフォームの機能をフル活用したくなることはよくあり、当然の行動ではありますが、バージョンアップや、トラブルシューティングで、足を引っ張られる可能性があります。スループットも落ちる可能性があります。オンラインリアルタイム処理システムでは特に注意が必要です。OSやミドルウェアの採択、利用は、アプリソフトの開発、補修、管理にはフル活用しても、リアルタイム処理中は最小限の利用にとどめることが安全策になると思います。

これらの対策は、チェックリストや「べからず集」を作成するなど、自律的な改善を促すようにしておきます。ビジネスノウハウを蓄積していく企業は多いです。

SECTION-42

プロジェクト運営上のトラブル対策

プロジェクトマネージャーは組織の管理者でもあるので人事・労務管理や経費管理も担うケースが多いのですが、これらスタッフ業務管理に関するトラブルは、多くの指南書があるので他の書に譲り、ここでは、取引先とよくありがちなトラブルについて解説します。

よくありがちなトラブル事例

ソフトウェアシステムの開発納入に関しては、機能の複雑さとニーズの確定しにくさ(曖昧な要件定義)から、トラブルに陥るケースは多々あります。よくありがちなトラブル事例には次のようなものがあります。

- 当初見積もりから工数が大幅に増加し、その追加費用が発注側と請負側のどちらの負担となるかの争い。
- システム製作途中に発注側から変更、追加の要請があいつぎ、納期遅延やコストアップが発生したケース。
- 発注側と請負側の要件定義打ち合わせが進まず、システム開発が進まないケース。

このような取引先とのトラブルについては、ソフトウェアシステムの歴史の浅いことや、発注側のITリテラシー不足、請負側の未熟さなどがあって、他業界に比較して際立って多いという過去があります。経済産業省(METI)が事例集を発行するなどガイドラインを策定しているので、それを参考にしておくといいと思います。前節で説明したように過去のトラブル事例を見聞きしておくだけでも、多くのトラブルを未然に避けることができます。

発注側の背景要因

取引に関して起こりうる基本的な背景要因を挙げてみると、発注側としては次の背景要因が考えられます。

1. ソフトウェアを理解していない
2. 体制内の齟齬

1の場合は、ソフトウェアへの過大評価や、発注仕様の曖昧、提示情報の不足といった事態に陥ります。発注側と請負側のミスマッチに気がついたときにはすでにこじれてしまっているということが過去に多く発生しました。最近は学校にPCが普及してITリテラシーは向上しているので、トラブルは減っていますが、プロジェクト開始前に発注側と受注側のギャップの確認と解消に努めます。

2については、発注担当者と実際の使用担当者が異なる場合などに起こりえます。発注担当者の要求を確認するとともに使用現場の事前確認を怠らないようにします。

請負側の背景要因

取引に関して起こりうる基本的な背景要因のうち、請負側としては次の背景要因が考えられます。

1. 契約内容を把握しきれていない
2. 顧客のニーズを確定できていない

1については、契約書にすべての事項が必ずしも書かれていないことはよくあります。また、契約事項が明文化されているにもかかわらず請負側が内容を理解していないこともあります。

2については、発注側のニーズがまだ柔らかくて時間とともに変化していくことや社会情勢を受けて予定変更となりうることを請負側が覚悟していないことが考えられます。進捗に従い都度、ニーズ確定していく必要があります。

取引に関するトラブル回避のために必要なこと

取引に関するトラブル回避のためには、あらかじめ、次のような布石を打つ必要があります。

1. 契約内容を正確につかむこと
2. 誤解が生じないように請負側が顧客側を啓発・リードすること
3. 顧客(ヒト)の特性を理解すること

1は当たり前の大原則です。2については、発注側から見れば請負側のスキルや専門性を評価して依頼をしているのであり、請負側はプライドを持って顧客側ニーズを読み解きリードすることがある意味、当たり前のことといえます。請負側が言われるままに作業を進めるような単純下請けになっていては、いつかトラブルが発生します。3については、次章でも述べますが、ヒトやその集団の特性を理解していないとニーズを勘違いしたり見落としたりしてしまいます。

多くの場合、準備不足が原因です。発注側も請負側も用意周到に準備をしておくことです。

長い付き合いであれば発注側と請負側は阿吽の呼吸で進められますが、はじめての場合や従来と大きく異なる契約の場合は、入念に発注側の想いと請負側の理解内容の擦り合わせが必要です。業界が異なると用語の意味や重みも異なります。また常識というものは業界ごと、地域ごと、組織ごとに異なる場合が多々ありますので、注意が必要です。さらに常識の一部は経験を積むごとに、あるいは時代とともに変化していくこともあります。

SECTION-43
プロジェクト開始時と終了時の基本事項

プロジェクトには、当然ながら始まりと終わりがあります。ある日、突然始まり突然終了するものではありませんが、何となく始まり、いつのまにか終わってしまったというものは歴史に残りにくいものです。後に参考にしようとしても実体をつかむことが困難です。リーダーは、起点と終点を意識し区切りを明確にしておきます。

受注・契約の基本事項

下記に一般的な契約書の基本構成例を示します。

- 0.前書き　甲(発注側)、乙(受注側)
- 1.業務内容
- 2.情報の扱い(提供、秘密保持、個人情報や営業情報)
- 3.進め方(報告、協議、検査、納入、委託・請負)
- 4.所有権(所有権の移転、工業所有の帰属など)
- 5.契約金(金額、支払い方法、遅延金、違約金)
- 6.保証・補償(免責事項、瑕疵担保責任、損害賠償など)
- 7.契約(解除、期間など)
- 8.管轄裁判所
- 9.協議、例外事項

業界により案件は慣例に従って進めていて、詳しく明文化していないこともあります。一部の企業や組織体のみ突出してしゃちほこばったやり方を提示しても角が立ちますが、契約に関してはできるだけ業界や組合で標準的な規約を用意しておき、それを引用する形が望ましいと思います。システムにしても請負契約にしても顧客視点で可能な限り標準化、広く共通ルール化しておき、ガラパゴス化しないようにしたいものです。

契約事項に関して、保証範囲を確認する必要があります。日本語で保証という用語は海外取引では2つの意味があり、用語も明確に異なっています。用語と保証内容については下記のようになります。

用語	保証内容
Guaranty	契約上の債務保証
Warranty	製品の品質についての保証
Express Warranty	明示保証：仕様書や説明書に書かれている事項についての保証
Implied Warranty	黙示保証：当たり前品質、製造物責任(PL)

また、知的財産権の扱いが問題になることもあります。特にソフトウェアの売買について基本事項を整理しておきます。

1 ソフトウェアの所有権移転（仕様書、ソースコードの譲渡）

2 ソフトウェアの使用権譲渡

3 改変権付使用権譲渡

ソフトウェアの仕様を発注側が提示し、請負側が開発するソフトウェアは多くの場合、1になります。

ネットや販売店で販売しているゲームソフトや業務用ソフトは、2になります。また、ソースを販売する場合に、それを購入したユーザーが自らそのソフトウェアの追加修正を行い使用する場合は3になります。ソースコードの保持には、資産として経理上の措置が必要になりますが、1は発注側の資産となり、2と3は供給側の資産になります。

また、ソフトウェアについては著作権が生じますが、作成日やリリース日と起草者名などのエビデンス管理を行うとともに学会発表などを行うことも勧めます。

権利保護のためには特許申請がありますが、申請や維持にコストもかかるので、商標権登録や意匠権登録も合わせて専門家と相談します。他社の権利侵害にならぬよう事前調査を行うとともに自分達の権利保護も進めておきます。発注側の権利範囲と請負側の権利範囲などは、曖昧になりやすい面もあるので,契約前に相互確認しておきます。

さらに、プロジェクト開始前、進行中、完了時の他に事故・災害時には、発注側や監督官庁の臨時監査がありえます。製品トラブルから裁判沙汰になる事例もあります。こういうときに備えて企業は保険をかけることになりますが、プロジェクトマネージャーとしては下記2点に備えておきます。特に社会インフラ系のシステム構築やミッションクリティカルシステム構築時は必須になります。

1 外部検査時のエビデンス(Evidence)確保・提示

2 トレーサビリティ(Traceability)の確立

1は、契約書や法令、公的標準、設計仕様書に示されている機能仕様が試験や検査により確認されていることを証拠提示できるようになっていることが問われます。2については、製品の設計から始まり納入・保守・廃棄まで、変更や検査の履歴をさかのぼることができることが問われます。

プロジェクト終了時の基本事項

プロジェクトは、システムの完成、引き渡しで終了となりますが、その前後にも必要な業務があります。組織の管理者でもこの終了業務を一部忘れがちになることがあります。事前に工程表や成果物一覧表を作成しておき終了時の作業量と作業内容が関係者に共有されるようにしておきます。終了業務は大きく次の3つがあります。

- 検収業務
- 運用支援・保守業務移行
- 完了報告

◆検収業務

発注側と請負側の契約終了に関する確認を双方立ち会って行います。検収に係る業務は4つあります。

- 納入品(本体以外に必要に応じ、付属品、予備品、消耗品)の確認
- 納入図書の確認
- 引き渡し後の緊急時対応の確認
- 必要に応じ監督官庁の許認可確認(終了報告、運用開始認可など)

◆運用支援・保守業務移行

多くの契約はシステム完成で終了となりますが、システムが運用されていく限り、システムの保守や運用に関する問い合せ、システムの機能変更や追加があり得ます。これらは、発注側の予算計上時期前に請負側から提案しておきます。提案は3ケースあります。

1 保守契約の提案
2 運用支援業務契約
3 定期点検、部品交換などシステムユーザーの設備維持計画の提案

1については、大規模システムやネットワークシステムの場合、そのシステム自身は問題がなくても接続先の状況やネットの混雑具合によって、何らかの意図しない故障や障害が発生することがあります。そのような事態に備えるために、システム開発者と運用側との業務の切り分けをあらかじめ定めておき、緊急事態に双方が協力して迅速に対応できるよう取り決めを行っておく必要があります。トラブル対応は無償と考える発注者は少なくありませんが、請負側のオンコール体制を維持するために必要なことを理解してもらう必要があります。

2については、システムトラブルがない通常運用状態でも、より効率の良い運用を行うために、システム開発請負側が積極的に発注側の業務支援を行うこともあります。この支援業務についても、当然ながら内容に応じ契約を取り交わしておきます。

3について、システムは、ハードウェアに関しては損耗劣化が徐々に進み、ソフトウェアについては陳腐化していきます。徐々に周りのアプリやOSとの齟齬が増えていき使いにくくなります。そのため定期的に部品取替えや改訂版への入替えを計画しておくことを勧めます。システムのランニングコストを見積もり、予算化しておくことです。古いシステムを長期にわたって使い続けることは老朽化したマンションに住むことにも似て、いつか問題となります。あるいはシステムリプレース時にデータ移行に大苦戦するなど営業資産を損ねることもあります。

さらに、請負側においては、保守要領書も作成しておく必要があります。システム開発期間に比べ納入後の保守・改変の期間のほうがはるかに長いのです。担当者が代わってもスムーズに引継げるよう整備しておき技術継承や組織力の向上を図ります。

◆完了報告

開発者は、契約の完了報告書以外にプロジェクトマネジメントの記録をしっかりと残しましょう。プロジェクトのスコープ、期間、体制、コスト、人員、成果物、工程進捗記録、計画変更の履歴などは、次期プロジェクト立ち上げ時の貴重な参考資料となります。次のプロジェクトマネジメントの精度を大幅に向上させ、システムの改良も促します。

プロジェクトが完了したとたん疲れ果ててしまい、そのうえ、次の業務が立ち上がってきて、完了時の記録整理がおろそかになってしまうケースは少なくありません。

プロジェクトの終了前からマネジメントの記録を残すように心がけておきます。また、プロジェクトの成果を発注側と請負側の連名で関連学会や関連団体に紹介しておきます。

演習課題⑦

①下図の中に潜んでいる危険を5個以上、挙げてください。

◉演習①

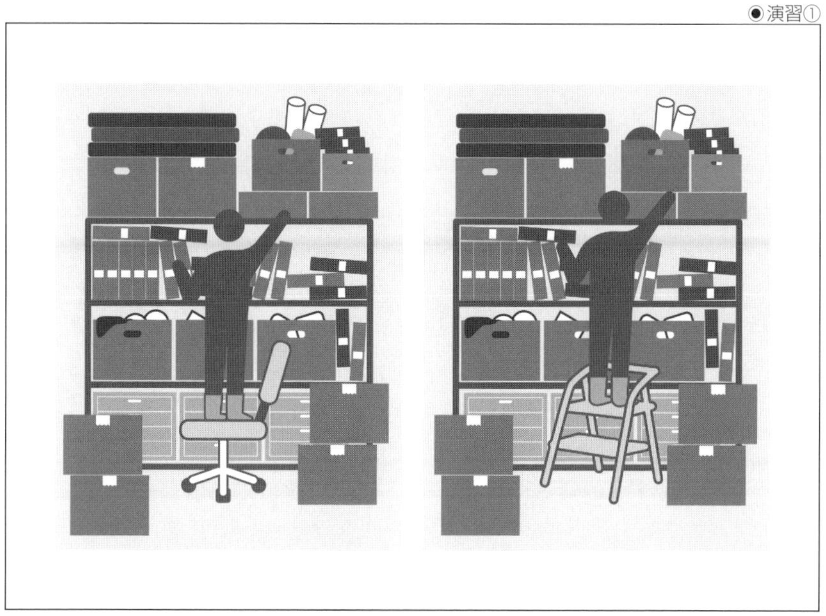

②フェイルセーフ設計とフールプルーフ設計について、本書に記載した事例以外の身近な事例を3件以上、挙げてください。

※回答例は206ページを参照してください。

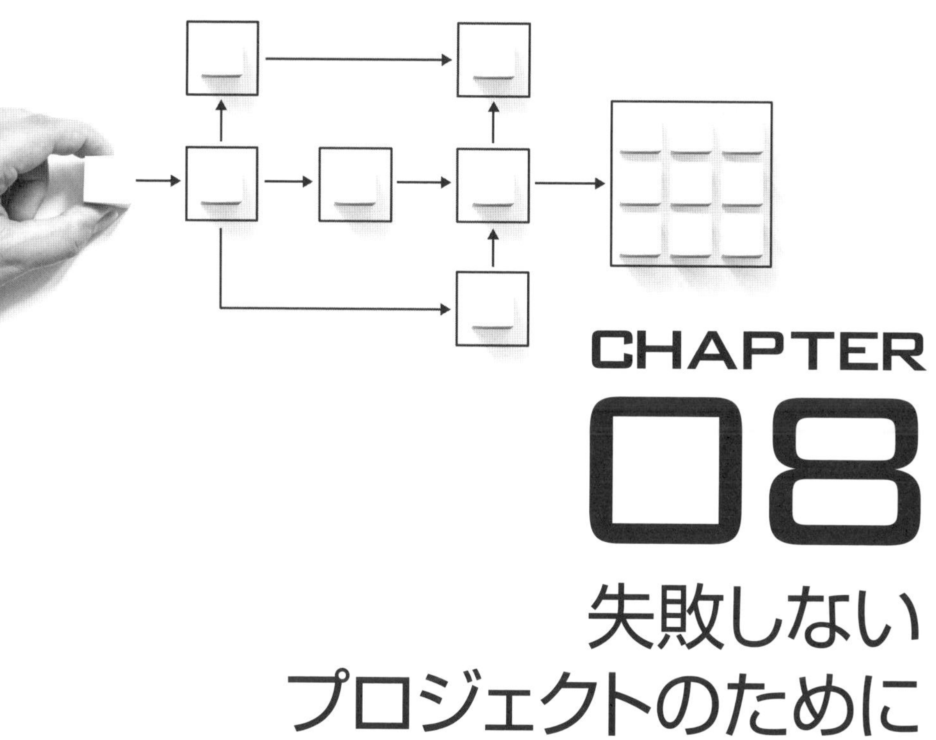

CHAPTER 08 失敗しないプロジェクトのために

本章の概要

前章までにプロジェクトマネジメントとして行うべきことを解説してきました。しかし、プロジェクトマネジメントを数多く経験してもなおソフトウェアシステムの構築は失敗事例が多々あります。プロジェクトを成功に導くためには、プロジェクトマネジメント技法を知るだけではなく、ヒトの特性、組織の特性、プロジェクトの特性も理解しておくことにより、状況把握や活動の方向性など、マネジメント戦略に深さと幅を広げる必要があります。

本章では、これらプロジェクトマネジメント技法と少し違う面に焦点を当てていきます。

SECTION-45

ヒトを理解する

ヒトは、よくエラーをします。設計ミス、製造ミス、試験ミスは当然発生していますが、発注側の要求仕様を正確に捉えきれていないというミスもあります。

エラー発生が多いタイミングが3つあります。これを知っておくだけでもかなりの予防になります。

- 初経験のとき
- いつもと変わったとき
- 慣れてきたとき

また、発生するエラーの行動類型として大きく2つあります。

- 省略エラー(omission error)
- 誤処理エラー(commission error)

人間工学系の書籍には、さらに、不当処理エラー、順序エラー、タイミングエラーも加えて5類型としている場合もありますが、ヒューマンエラーは上記の2類型にほぼ分けることができます。設計と試験はこの2類型のヒューマンエラーが起こりうるという前提で取り組みましょう。

ヒトの物理特性も認識して観察眼を鍛えることも大事です。たとえば、下図の課題、大人と子供の違いについて考えてみてください。

◉ヒトの物理特性(子供と大人の違い)

課題　子供と大人の具体的な違いを挙げてみてください。

物理特性： 身長、体重、

行動特性：

物理特性の違いとして、身長、体重はすぐ挙げられるでしょう。しかし、他にも違うものがあります。さらに違いを3つ以上挙げることができれば、観察眼があるといえるでしょう[1]。また、行動特性の違いもあります。これも3つ以上挙げてみてください[2]。

なお、違いの中で特に補足しておきたいのは、重心の違いです。幼児は頭が大きくて4頭身ほどです。重心の位置が大人より高い位置にあり、転倒しやすく、またベランダから落下しやすいのです。また階段は幼児にとってとんでもなく大きな崖に見えていると思います。

生活用品や衣類の製造販売に係わっている人達は、ヒトの物理特性をよく認識しています。それに比べて、システムエンジニアやソフトエンジニアは、無頓着な方が非常に多いと思われます。ヒトが使うシステムを開発するのであれば、人間工学の入門編くらいは習得しておきましょう。観察眼の育成と同時に自分本位ではなく他人本位の考え方の育成にもなります。

ヒトの年齢による特性の変化

ヒトは年齢とともに体力、気力が衰えていきますが、同様に視力も聴力も（嗅覚も味覚も）衰えていきます。メガネをかけざるを得なくなって、老眼と自覚している人でも、他の能力も衰えていることを自覚できない人は多々います。

下図に年齢と可聴域、視力の関係を示します。このように定量的に提示されると年齢による認知能力の違いがよくわかります。システムデザインは、認知能力が低下しているヒトにも使えるような工夫が必要です。

●ヒトの物理特性（年齢と可聴域）

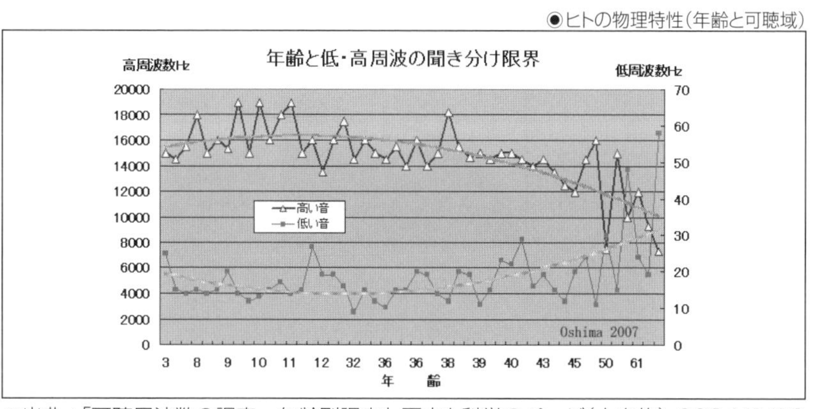

※出典：「可聴周波数の調査　年齢別調査」天文と科学のページ（大島修）2024/1/18
（https://www.sunfield.ne.jp/~oshima/omosiro/oto/kacyou.html）

[1]：たとえば、重心、目線の高さ、表面積、柔軟性、筋力、視力、聴力、皮膚感覚など。
[2]：たとえば、転倒のしやすさ、熱中症の起こり方、体温変動など。

◉ヒトの物理特性(年齢と視力)

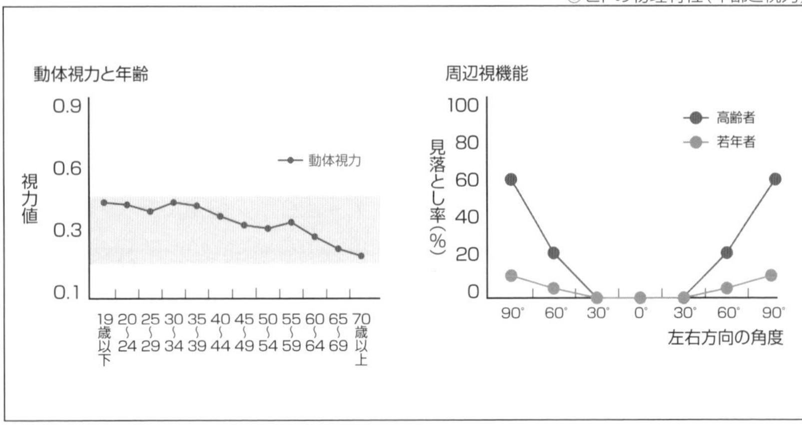

※出典(左図):三井達郎(2001) 高齢運転者の視覚機能と標識の認知、「高速道路と自動車」
※出典(右図):宇野宏(2001)「高速道路と自動車」

だまし絵

まったく同じ絵を見ていてもヒトそれぞれ異なる認知をしています。さらに見方によって、随分と異なる認識をすることもあります。下記に有名なだまし絵の例を示します[3]。

◉ヒトの物理特性(だまし絵の例①)

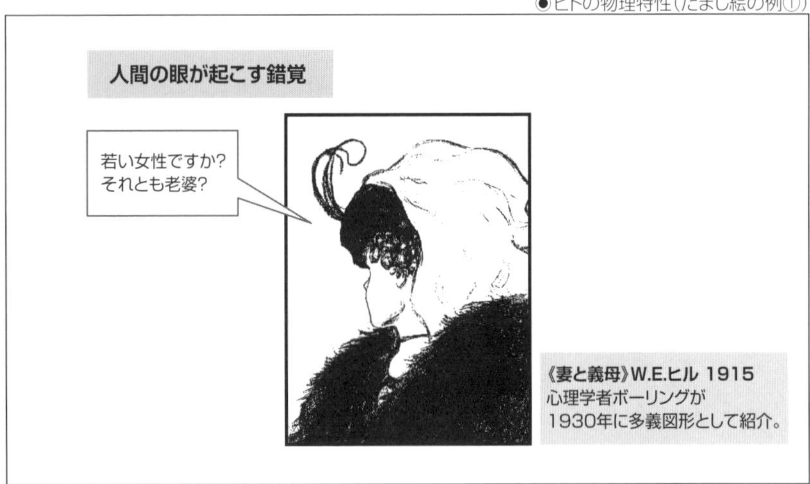

[3]:次ページの図「だまし絵の例③」に隠れている文字はPROJECT。

◉ヒトの物理特性（だまし絵の例②）

長さは同じですか?

◉ヒトの物理特性（だまし絵の例③）

このような錯覚、誤認、それぞれの受け取り方の違いは、打ち合わせのときも発生します。仕様書や図面を読む場合にも発生します。言葉には現れていない真実を読み取る人もいれば気がつかない人もいます。同じ現実でも人によって理解が異なることはよくあります。図書記載内容に対しても、メンバーの全員が100%正確に理解することはあり得ないと思っていたほうがいいのです。安全確認は3回やれという話がありますが、1回で100%正しく認識するというのはとても難しいのです。

色彩感覚

色や視界についてもヒトの物理特性が存在します。

色については、危険と感じる色と安全と感じる色がヒトによって異なります。砂漠地帯に住んでいる人達は、緑を危険な色と感じる人が多いそうです。オアシスを連想ため、安全かと思われがちですが、オアシスには敵が潜んでいると考えるそうです。

また、プラント運転操作をする人達は、緑が停止、赤が運転中と感じる人が多いのですが、他の一般従業員は、緑が運転中、赤が停止と捉える人が多くいます。運転／停止、危険／安全については、地域差や職業差もありますが、さらに輝度の強弱、彩度、色相によっても変わってきます。またアイコンの形状・大きさによっても認知が変わってきます。

実際にGUI(Graphical User Interface)設計をする場合は、その業界の風土・慣例なども考慮する必要があり、関係者でしっかりと擦り合わせをしておきます。

表示レイアウト

下図に表示レイアウトの4象限を示します。

●ヒトの物理特性(表示レイアウト)

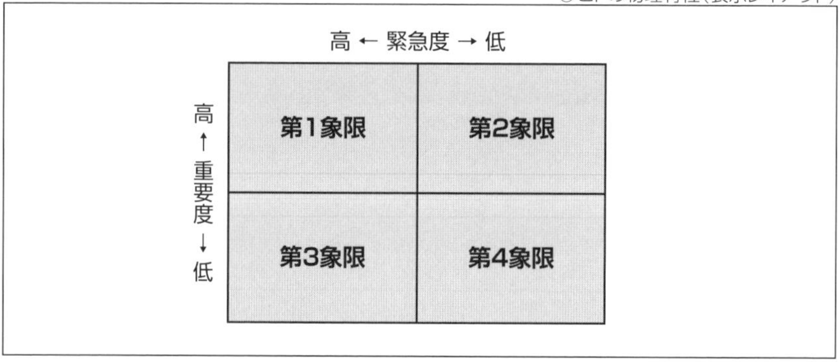

高 ← 緊急度 → 低

高↑重要度↓低		
	第1象限	第2象限
	第3象限	第4象限

人間工学的研究によれば、画面の左上は一番認知度が高く、右下が一番低いそうです。実際、筆者の経験でも、複数の運転員の方に通常監視の画面を見ていただき、そこに緊急速報メッセージを流した場合、画面上部に出すと100%認知していましたが、画面下段に表示すると、半分以上の方が気づきませんでした。メッセージを明滅させてもあまり大きな違いはありません。ちなみに昔のテレビも緊急速報はテレビ画面の下段に出てきましたが、今は上に出すようになっています。

このレイアウト上の認知度の違いは意外と知られていないことが多いので、GUI設計者には色の使い方と合わせ情報共有しておきましょう。

その他に、表示内容に応じて表示文字の大きさを変えるケースが出てきますが、たとえば視力0.7で読み取れる大きさを基準にあらかじめ決めておくことも必要です。

ユーザー（発注者ではなく、実際に使う人）に典型的なGUIデザインの大きさをいくつか提示して、システムの利用環境に見合った視認距離で判別可能なものにします。

表示の見にくさや操作のしにくさにより大問題を引き起こしたシステムは過去にも多々あります[4]。GUI設計は高度なプログラミング技術を必要とせず、着手しやすいものと思われがちなことが多いので、プロジェクト内でもコアシステムよりもレビュー時間を減らしたり未経験者を当てたりするケースが多いのですが、GUI設計にはシステムのミッションや運用をよく理解している者を当てるべきです。

ヒトの行動特性（情報処理能力）

ヒトの特性として、前述の物理特性、視聴覚特性の他に、いくつか知っておきたい特性があります。

◆ウェイソンの問題

ヒトは、具体的な題材に比べて抽象的な題材になると正当率は大きく低下するといわれています。下図に有名なウェイソンの4枚カード問題を示します。

◉ヒトの物理特性（認知能力①）

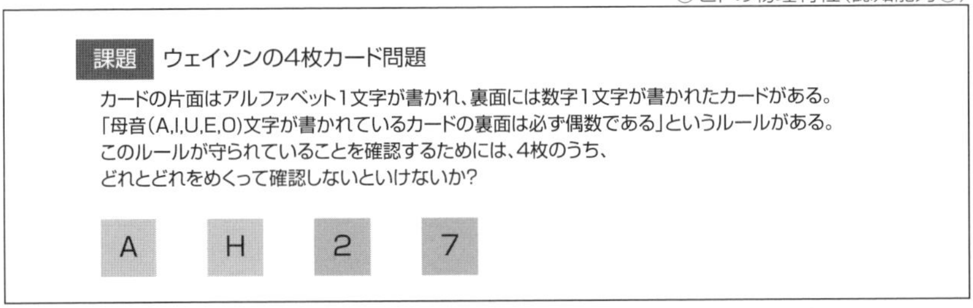

課題 ウェイソンの4枚カード問題

カードの片面はアルファベット1文字が書かれ、裏面には数字1文字が書かれたカードがある。
「母音(A,I,U,E,O)文字が書かれているカードの裏面は必ず偶数である」というルールがある。
このルールが守られていることを確認するためには、4枚のうち、
どれとどれをめくって確認しないといけないか?

A　H　2　7

◉ヒトの物理特性（認知能力②）

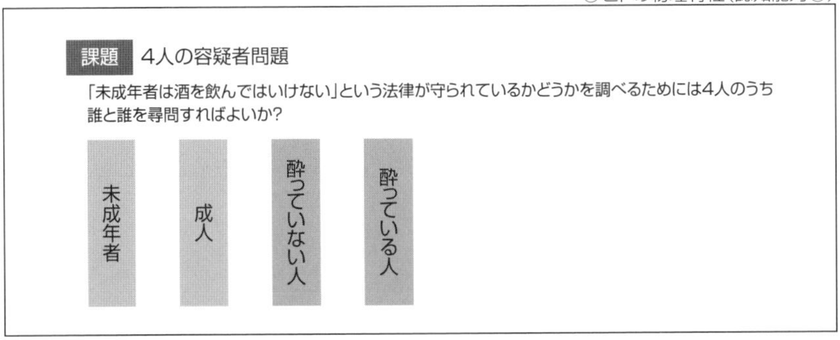

課題 4人の容疑者問題

「未成年者は酒を飲んではいけない」という法律が守られているかどうかを調べるためには4人のうち
誰と誰を尋問すればよいか?

未成年者　成人　酔っていない人　酔っている人

[4]：有名な失敗事例に証券誤発注問題がある。2005年12月08日に証券会社の担当者が「1株で61万円の売り」とするところを「1円で61万株の売り」と間違って入力し注文したことがきっかけで株価が乱高下した。誤発注の取り消しを試みるが、できなかった。400億円の損失を出した。直接原因は操作ミスだが、フールプルーフ設計、フェイルセーフ設計がなされていないシステムということも大きな反省点である。

どちらの問題が難しいでしょうか。どちらも本質的に同じ問題ですが、前者の抽象的表現のほうが難しく感じる人が多いのです。この問題が示唆するのは、プロジェクト内で行う議論や通知はできるだけ具体的な形で行う方が理解は広がるということです。

◆前提知識の有無

下記の2進数の数字配列をパッと見て暗記できるでしょうか。

000001010 011100101110111　（24桁）

実は8進数を知っている人には簡単な問題です。3桁ごとに区切ればすぐわかります[5]。

このように、前提となる知識があると極めて簡単な問題でも、前提となる知識を持ち合わせていないととても難しい問題になる一例です。プロジェクト内で情報共有するときにしばしば、この前提を十分に伝えていないことがあります。そうなると理解もできず誤解や不信感が広がることになりかねません。これも注意が必要です。

◆マジカルナンバー

人間工学ではヒトの情報処理能力について解説されていますが、そこにマネジメントに関するヒントがいくつかあります。ヒトが情報を記憶するときは、意味の塊（チャンク：Chunk）として記憶していきます。一度に記憶できる意味のかたまりは、マジカルナンバーと呼び、5±2といわれています（7±2との指摘もある）。

このチャンクについての知見を具体的な問題にしてみましょう。

プロジェクトを進めるにあたり、注意事項や設計条件などを列記する場合、箇条書きが10項目以上になってしまうことがよくありますが、これでは周知させることが難しくなるということです。箇条書きをグループ分けして、3項目か5項目で1グループになるように体系化すると項目数が多くても理解しやすくなります。

[5]：8進数で0、1、2、3、4、5、6、7になる。

◆情報量等量の法則

『上司のさらに上司から突然、「状況報告しろ」といわれて懸命に説明したにもかかわらず、うまく理解してもらえなかった』とか、『組織トップなのに、変な質問をしてきて、ひょっとしたらよくわかっていないのではないかと不安を感じた』とか、その人の存在は認識していてもめったに話をしない人と面談したときにギャップを感じたことはないでしょうか。

これは、ヒトの情報量等量の法則を知っていれば理解できる現象です。ヒトには個人差がありますが、人類という大きな集団として見た場合、能力の個人差は極めて小さく、ヒトの情報処理量は個人によらずだいたい等量とみることができます。そのため、プロジェクトのトップは、プロジェクト全体のグロスの情報を把握していますが、プロジェクトの構成要素内の詳細は把握できてません。ヒトの情報処理量は有限なため、入りきらない情報は把握の枠組みから抜け落ちていきます。

一方で、プロジェクトの枝組織下のグループにいる人は、そのグループ内のことは把握できても、他のグループ内の詳細は、聞く機会があっても全貌を把握することは難しいのです。これもヒトの情報量処理量が有限なため、自分に直接関わりのない情報や関心度の薄い情報は優先度が低くなっていくためです。

時々、ボスたるものはすべてを知っていなければならないと思い込んで、自分を責めたり、他人を責めたりすることがありますが、このような見方は誤りです。情報量等量の法則は、誤差はありますが、受け入れざるを得ない現実です。

ヒトの記憶量や処理量は有限なので、関係者にとって優先度の低い情報を減らし効率の良いコミュニケーションをとれるように、常に配慮していくことが大切です。また、こんなことも知らないのかと他人を責めることは、問題の認識を誤り、かつ人間関係の劣化を招くため、注意が必要です。

認知バイアス

性能もよく機能的に優れていても使いにくい商品は売り物になりません。生活用品ではこの傾向は顕著ですが、業務用のソフトウェアシステムには、人間工学的に首をかしげてしまうような製品をいまだ見かけます。ヒトを理解して、ヒューマンエラーを避けアフォーダンスな設計を目指しましょう。

次ページの図は水道の蛇口です。水を出すにはレバーを上げるでしょうか。それとも下げるでしょうか。

●UI設計（ハードウェア）（水道の蛇口の例）

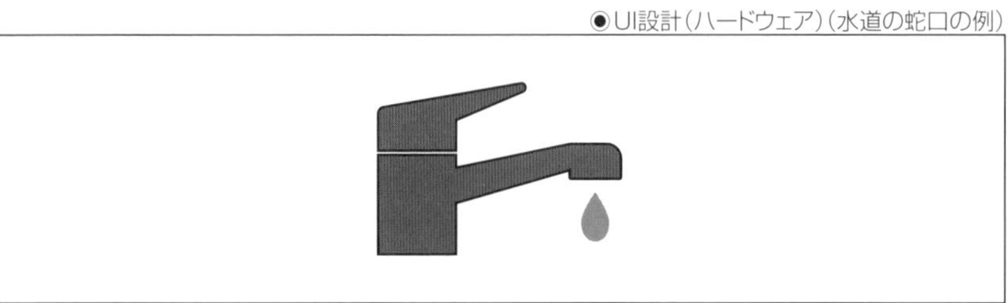

上図は上げるのが正解です。実は阪神大震災の前までは、メーカーにより下げると水が出るタイプもありました。下げると出るほうがむしろ自然な感じでした。しかし、地震で物が落下するなどで水が出っぱなしになり、下げるタイプは大幅に減りました。

下図はエレベーターの押しボタンです。

●UI設計（ハードウェア）（エレベーターのドアの例）

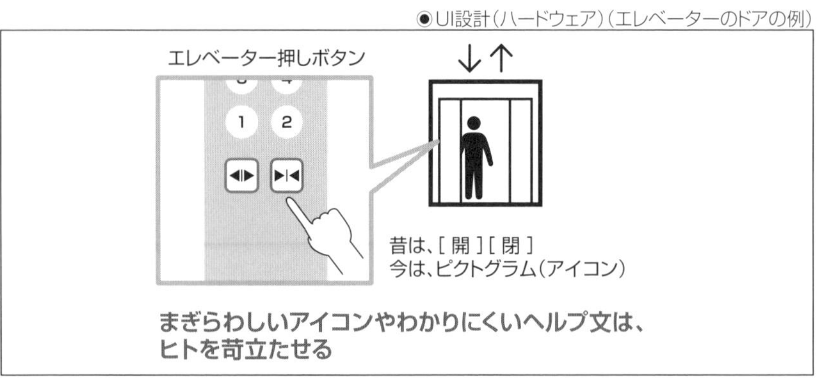

昔は漢字で「開」「閉」でしたが、ピクトグラムになりました。この三角形が開方向、閉方向を促して（アフォードして）います。しかし人によっては、この三角形が花火や噴水のように扇の広がりに見えてしまい、逆方向にアフォードされる人もいます。

下図は、コーヒー自販機の例です。

●UI設計(ハードウェア)(コーヒー自販機の例)

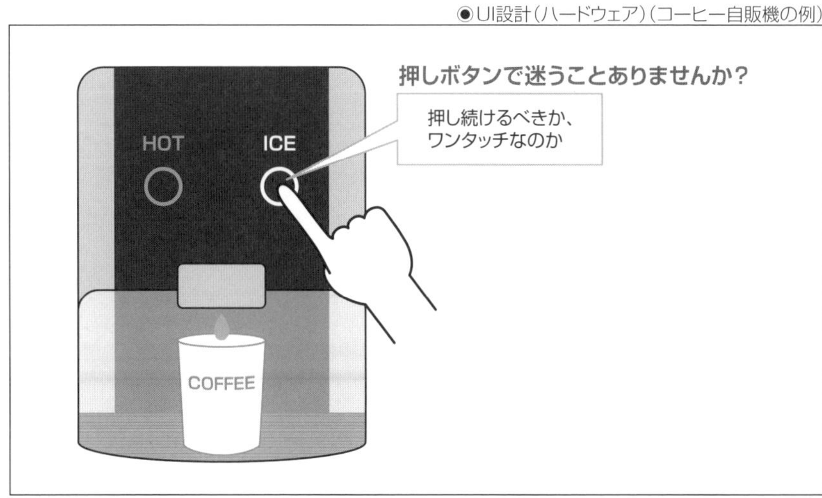

この押しボタンがワンタッチで定量出るタイプと押し続ける間に出てくるタイプと2通りあります。コーヒーがあふれてしまったり、なかなか出てこなくてじっと待ってしまったりする例がありました。

工業用機器ではスイッチはモメンタリータイプとラッチタイプがあり、形状がそもそも異なっています。スイッチの機能と形状が対応しています。民生用機器では、そのような規格が存在していないのか設計者が知らなかったのかはわかりませんが、まぎらわしいアイコンは間違いのもとです。

なお、同様にヘルプ文も曖昧な表現、一貫性のない表現は多くあります。ユーザーインタフェース設計をないがしろにしてはいけません。設計者にとっての常識はバックグラウンドの異なる利用者にとっては非常識に見えることも多々あります。必ず多様な(年齢層、地域、信教など、多様な組み合わせで)人員でテストしておくことです。

◆ヒトの特性を踏まえた設計アプローチの要点

ヒトを理解することは大変ですが、人間工学も社会心理学も長足の進歩を遂げているので、マネージャーはこれらの成果も取り入れて、長く使えるシステム、ごく自然に使えるシステムを目指しましょう。

プロジェクトとしてヒトの特性を踏まえた設計アプローチの要点を参考までに下記に示します。

1 UI設計においても安全第一のコンセプトを持って開発する。
2 ヒトの特性を認識し、さらにハンデキャップのあるユーザーにも配慮する。
3 文化の違いにも配慮する。
4 システム障害や操作ミスからの迅速なリカバリーを行えるようにする。
5 使用者に対して用語の統一、操作方法や操作手順の一貫性に配慮する。

◆ヒューマンエラー対策で提案されている方法論

ヒトの特性を踏まえた設計アプローチとして、特にヒューマンエラー対策で提案されている方法論としては、下記が挙げられます。詳しくは人間工学の専門書を参考ください。

1 コンパティビリティの高い設計
2 アフォーダンス設計
3 フールプルーフ
4 フェイルセーフ

1は、ヒトが違和感なく自然に感じる操作や表示方法のことです。車のハンドルやダッシュボードなどは、そのような設計が行われています。

2は、説明をしなくてもどのように使うかを知覚できる設計をいいます。たとえば椅子は座ることをアフォードしています。

3は、昔からあるいわゆるフールプルーフ（ばかよけ）のことをいいます。車のエンジンをかける際に急発進を避けるためにブレーキペダルを踏みつつスイッチを入れるなど、うっかりミスを避ける設計のことです。電子レンジの扉を開けると自動的に加熱を止めることもフールプルーフ設計です。

4は、故障（フェイル）が発生しても、事象が安全側に進むようにしておく設計のことです。たとえば電気系統で地絡、短絡、過電流が発生したとき、ブレーカーが切れるようになっています。異常時に回路が接続したままでは危険側故障とみなし、異常時には断路するようになっています。ただ、システムによっては、異常時の危険側と安全側が周囲条件によって逆転するケースがあります。そのため事前の機器故障のリスク分析を行っておきます。

プロジェクト管理の要点(開発戦略)

プロジェクトを管理していくときに、軍事や経営におけるアプローチ方法が参考になります。以降で戦略・戦術・作戦(STP：Strategy、Tactics、Plan)の視点で解説します。

プロジェクトの成功とは

失敗プロジェクトや成功したプロジェクトなど、いろいろ話題になりますが、プロジェクトの成功といえる基準は何でしょうか。一般には、『プロジェクトの成功とは、期限内に計画されたリソースを使って目的を達すること』といえます。

しかし、プロジェクトの進行中に予期せぬことが起きたりして修正を迫られることがよくあります。そのため、期限を見直したり、リソースを増やしたり、目的を縮小したりして、何とか達成させることになります。

ここで、プロジェクトマネージャーは、成功の内なる基準として下記3つの満足をかなえてほしいと思います。

- 顧客の満足……要求仕様の達成(機能要件+非機能要件)
- 経営者満足……事業計画の達成(収益達成+事業の継続・発展)
- 参加者満足……達成感(目標の達成、経験蓄積と技術習得)

どんなプロジェクトも、それぞれ固有の歴史を創っていき同じものはありません。プロジェクトはやり直しはできません。それだけに、近江商人の家訓にあるように「三方よし」[6])で終わらせたいものです。

なお、『期限内に計画されたリソースを使って目的を達すること』ができたとしても、後遺症を残すことがあります。

下記に代表的な後遺症を示します。心しておきましょう。

- オーバースペックの反動
- 過剰利益、過早納入、高コスト構造の反動
- 参加者の不満足感

[6]：「買い手よし、売り手よし、世間よし」という江商人の経営哲学の1つ。

業務(開発)プロセスの整備

プロジェクトを立ち上げるときは、前例を参考にするとか、諸先輩が残したマニュアル類、あるいは業務規定、作業標準(作業手引き)などに従って準備をします。ISO9000では、これらも品質管理マニュアルとして評価の対象とします。このような業務プロセスに関して、プロジェクトを立ち上げる前に、改訂の必要がないか、追加の必要性はないかなど、総点検しておきましょう。特にソフトウェア開発については変化が激しいので注意が必要です。

品質・信頼性の作り込み管理に使用する品質管理工程図(QCP:Quality Control Process Chart)は、企業ごと、あるいは部門ごとに整備されているものです。

QCPは、組織風土や製品の歴史、特性によりさまざまです。そこには業界方言も組織特有の教訓、(明文化されていないかもしれない)掟も含まれています。最初から疑念を持って読んでいると大事なことも身に付かないので、まずは素直に受けとめましょう(「郷に入っては郷に従え」です)。わかりにくい場合は放置せず関係者によく聞いておくことも大切です。

一方で、世界の標準、日本の標準、関連法令も調べておく必要があります。自分達の常識や用語について標準との差異を認識しておかないと、顧客や外部関係者とのミスマッチが広がってしまいます。自分達のアピールポイントも不明になってしまいます。

プロジェクトを進めるにあたって、関連する可能性のある主な外部ルールや製品を参考列記しておきます。

1 デファクトスタンダード(de facto standard)

2 デジュアスタンダード(de jure standard)

3 法令で定めた基準、行政指導

1は、圧倒的なシェアを持つ製品やフレームにより、事実上の標準となっているものを指します。WindowsやAndroidなどが該当します。

2は、標準化団体によって決められた標準のことです。ISO、IEC、JIS、JASなどを指します。専門家や関係者が集まり新規制定や改変作業が数年以上かけて進められているので、新規分野への進出プロジェクトなどでは、しっかりサーベイしておきます。標準策定が大きな変革となる場合は、日本規格協会(JSA)や関連団体が、説明会を開催していますが、見落とすこともあるので、専門家や公的支援機関に問い合わせることも必要です。

3は、国が行う一連の法令や行政指導、産業育成支援のガイドラインなどがあります。例としては電気用品安全法やRoHS指令などがあります。事業の許認可事項になっていたり、入札の条件になっていたりするので、詳しく知りたいときは関連監督官庁や業界団体に問い合わせてみることも必要です。

直接、監督官庁や業界団体に問い合わせることに抵抗がある場合は、国や自治体の公的支援機関に、2や3に関する専門家がいるので、問い合わせてみることです。事業秘密を守りつつ相談に応じてくれます。

ソフトウェアの工業製品化

システム構築にあたり、ソフトウェアの役割は非常に大きいにもかかわらず設計書もなく変更管理もなされていないケースがあります。作成の自由度が大きいだけに管理が大変です。ソフトウェア量が大きくなると作り直しに予想以上の手間と時間をとられかねません。そのため、ソフトウェアも工業製品であると認識して作り方や管理の仕方に一定のルールを導入し、誰が作成しても、ほぼ同じものになるように、また誰でも読めるように作り込むことが重要です。特にどう読んでいけばいいのかわかりにくいプログラムはトラブルシューティングのブレーキになるだけでなく改訂作業の阻害になります。

ソフトウェアの工業製品化については、カーネギーメロン大学ソフトウェア工学研究所(SEI)が主導するSPL(Software Product Line)が有名です。各種の製品のソフトウェアを個別に開発するというアプローチではなく、製品群のソフトウェアを再利用可能なように共通部品化し、体系的に開発していくことで、ソフトウェアの劇的な工数削減を図ろうというものです。SPLのルーツは日本で一時流行したソフトウェアファクトリーの思想にあると思われますが、これらを参考に、ソフトウェアの部品化、共用化を進めることは、ビジネスの成功要因の重要な一歩となります。

SECTION-47
プロジェクト管理の要点（マネジメント）

短期プロジェクトと長期のプロジェクトでは規模も異なりますが、基本的なマネジメント技法は同じでも、作戦の立て方は違ってきます。ここでは長期プロジェクトについて、マクロな戦術視点で要点を次の5項目に分けて説明します。

- プロジェクトのパターン・フェーズを知ること ➡ 勝ちパターンをつかむ
- プロジェクトの周囲形勢／条件の把握 ➡ より有利な条件・環境で進める
- プロジェクトの目的・目標の確立と徹底 ➡ 具体的な目標設定
- プロジェクトの進捗フォローと管理 ➡ 報告方法の確立
- リーダーの心構え ➡ 高い見識、中庸の精神

プロジェクトのパターン・フェーズを知ること

プロジェクトは、カレンダー曜日や行事などにより、一定のリズムが生まれます。そのリズムに逆らうような進め方をすると効率は落ち、逆にうまくリズムに乗れば進捗はよくなります。コスト発生にも成果物の完成時期にもリズムがあります。

この流れをつかんでおくことで、タイムリーな作戦を実施することができます。

このために良い前例にならい勝ちパターンを会得しておくことが重要です。

下図に業務の比率と規模の関係を図式的に示します。

●規模と業務比率の関係

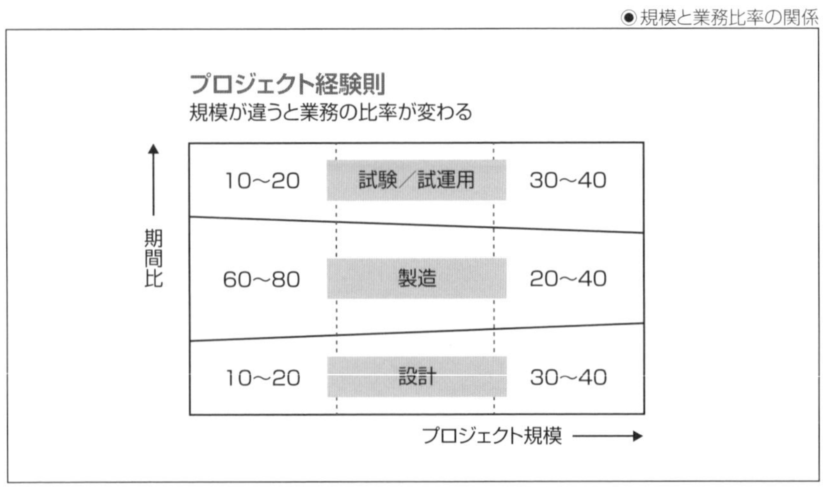

業務を「設計」「製造」「試験・試運用」に分けたとき、プロジェクトの規模によりおおよそ前ページの図にあるような関係が経験則として知られています。規模が大きくなると設計と試験の比率が増え、製造の比率が減ります。規模が小さいと製造の比率が増える傾向にあります。十数人規模のプロジェクトと100人を超えるプロジェクトを比較すると、この傾向がよくわかります。特殊事情のプロジェクトもあるので必ず成り立つものではありませんが、この傾向を踏まえて類似の前例を調べておくとコスト構造の分析や状況把握に有用です。また、コストの精度を出すには、一方で対象をできるだけ小分けにしてそれぞれを見積もって集計することです。小分けにすると、個々の誤差が大きくても全体として誤差が小さくなります。その一方で、過去の類似システムのコストを参考にすることです。

そもそもこれから創るプロジェクトのコストを精度よく見積もることは至難の業です。将来の物価動向も事故や事件によって大きく変動してしまいます。コスト見積はリスクを内在していることを認識して複数アプローチを行っておくことです。

次に54ページの図にある工程フェーズごとのコスト発生予想図を参照してください。これも経験則です。プロジェクトの立ち上がり時は、成長曲線となりS字カーブを描きます。設計製造のピークでコスト発生もピークとなり、試験の進捗に伴いコスト発生は徐々に下降していくはずです。

しかし失敗プロジェクトのよくある例では、最初のコスト発生がなかなか増えないことがあります。つまり仕様がなかなか決まらず作業が進まないのです。また、コスト発生が急に立ち上がり始めたときは人も急速に増え始めたときでもあり、情報共有が十分になされていない恐れのある時期です。チェック頻度を上げる必要があります。この時期の隠れたミスによるツケは、試験段階で発生することになります。コスト発生の変化が大きい時期は、安全管理や品質管理も重要ですが、特に情報共有のズレに注意が必要です。

また、進捗が予定通りにいっているのにコスト発生がなかなか減らないこともあります。どこかに余剰人員を抱えたままになっている可能性もあります。

生産管理のプロは、プロジェクトに参加していなくても、コスト発生の数値変動を見ているだけでプロジェクトの異常を察知する人もいます。プロジェクトマネージャーは人の管理、技術の管理だけでなく、コスト管理に長ける必要があります。

次に下図に工程表を図式的に示します。

◉工程の時期

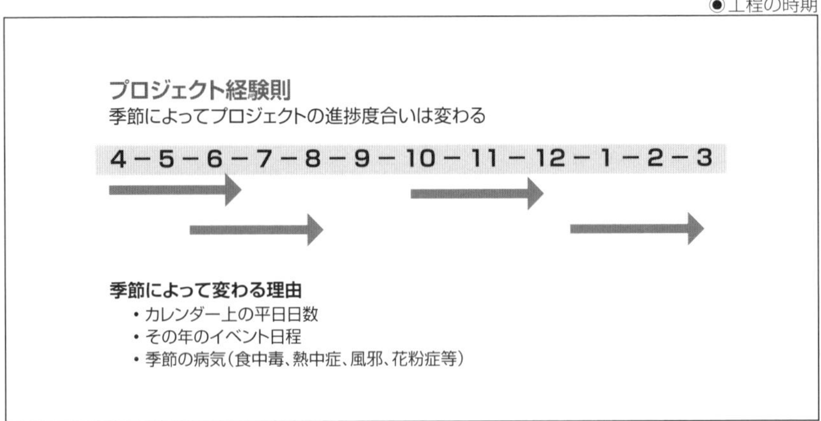

まったく同じ工数、工期のプロジェクトでも時期が違っていると、プロジェクトの成否に大きく関わることがあります。稼働日数管理をしておく必要があります。

上図には、同じ3カ月工程を4件示していますが、4月開始プロジェクトと6月開始、10月開始、1月開始では、微妙に異なります。カレンダーを見て平日や休日、祝日、行事に印をつけてみてください。

同じプロジェクトでも、平日総日数が異なります。さらに大型連休の有無に左右されます。プロジェクト終了直後のイベント有無も影響します。たとえば、10月開始プロジェクトでは、年末休暇の前に終わらせるはずです。しかし1日でも延びることは誰も望まないので、終了に向けてプロジェクトの集中力は大きく向上します。一方で延期のリスクは大きいものがあります。

さらに季節要因として、風邪の流行、花粉症、企業や団体の予算年度末、異動時期なども作業の進捗に関わってきます。特に2月逃げる月、3月去る月という言葉もあるように、年度末は、業務効率が低下するので注意が必要です。工程表を作成するときは、これら季節要因を勘案してマイルストーンを設定することが大事です。

布石が悪ければ余計な労力が増えます。布石がよければ無駄な労力を大きく削減できるだけでなく、メンバーの成長も促します。智将、名監督を目指しましょう。

プロジェクトの周囲形勢/条件の把握

どんな名将、名プレーヤーでも、不利な条件で勝つことは難しいものです。プロジェクトマネージャーは、常に形勢を読み少しでも有利な条件・状態にプロジェクトを誘導することが大事です。次の7項目は押さえておきましょう。

◆顧客先の状況把握

顧客の抱えている問題点・課題、運用・運転方法をつかんでおきましょう。

時には、要求仕様に明示されていない(本人も認識していない)課題や実態が隠れていることもあります。ある程度の規模の顧客であれば、そこのキーパーソンが誰か、デシジョンルートはどうなっているかなど、組織体制も把握しておきます。また、顧客組織のバイオリズム(人事異動時期、繁忙期、個人スケジュールなど)も把握しておきましょう。

◆社内側(請負側)関係部署の状況把握

一般的な会社組織であれば、営業—技術—設計製造—試験—現調という流れになりますが、それぞれの立場があるので、そのミッション・考え方を知っておくことも大事です。身内を誤解してしまい意外と落とし穴に陥ることもあり得ます。また、並行して進んでいる他のプロジェクトから影響を受けることもあり得ます。

◆先行プロジェクトや過去のお手本図書類の状況把握

人は暗黙のうちに自分の体験を前提に話をしています。そのため、その人にとって当たり前すぎることは言葉に出てこないので、聞いている側は何を言いたいのか理解できないということがよくあります。

こうしたギャップの分析センスを磨いておく必要があります。場合によっては事前ヒアリングの形をとって、顧客側の念頭にある参考原案を把握しておくことが必要です。当然ながら自分側の基本図面、基本仕様、品質・使用条件は、把握しておきます。

◆リソースの把握

プロジェクトメンバーの力量、健康状態、個人都合(家族のことなど)を個人生活に干渉しない範囲で把握しておきます。メンバーにはそれぞれの生活があり個人事情があります。休暇取得は個人の権利ですが、突然の休暇は、業務に支障が出ることもあるので、個人の権利行使と周りとの協力関係がしやすいように日ごろから意思疎通をしておきます。

◆ 技術動向の把握

技術の進展、競合他社の製品や開発サイクルなどもウォッチしておき、顧客の質問にいつでも答えられるようにしておきます。自身も保守的にならず進取の心構えで臨むとしても技術先取りを急ぐあまり消化不良や先行落馬となることのないよう、慎重に対応します。

◆ 社会状況/社会通念の変化に注意

大きな事件や事故、震災などがニュースで流れると人の心理状態は少なからず影響を受けます。プロジェクトの進行中に、仕様の変更や、時には中断も起こりえます。プロジェクトマネージャーは予期せぬ事態になっても顧客側の気持ちを汲み取り、よき理解者になった上で、プロジェクトの進め方(場合によっては収束の仕方)について協議します。

◆ 実施時期の周囲環境の把握

先にも説明したようにプロジェクトは季節要因、行事、イベントに左右されます。直接業務に関係はないが、影響を受けているステークホルダーは必ずいます。齟齬のないように時には世間との付き合いを楽しむようにします。

プロジェクトの目的・目標の確立と徹底

プロジェクトの開始にあたり、目標や目的がメンバーに明示的に伝わっていないケースが時々あります。マネージャーが口頭で目標を言っておきながら文書化されていないもの、逆に文書化しておきながら口頭説明しないものは伝わりません。プロジェクト内で目標・目的が明示されていないとその集団のベクトルがバラバラになってしまいます。

目標・目的はできるだけ具体的に提示することが大事です。スローガン・キャッチフレーズを設けること、数値指標も必要です。

プロジェクトの進捗フォローと管理

進捗管理をどのように実施するかという問題は、進捗管理にあたりどのように布石を打つかという問題とほぼ同じことです。準備不十分なまま、メンバーを集め、状況を尋ねても的確な状況把握はできません。リーダーの進捗管理の手順や方法をあらかじめ伝えておき、それに沿って報告してもらうという管理スタイルを確立しておきます。そうしておけば、メンバーにとって報告の準備もしやすく、他メンバーの報告内容も理解しやすくなります。

各メンバーがそのポジションで行う作業について、何をするのか(What)、なぜそれをするのか(Why)、どのように行うのか(How)を情報共有します。

また、作業タスクごとの成果物も定義・明示しておきます。特にドキュメントは計画に沿って図書図番のとり方、書式をあらかじめ確認しておきます。プログラミングの規約、よく使う用語の定義も確認しておきます。これらは設計ルールとして、一括してまとめておきます。場合によっては、設計ルールもプロジェクトの途中で変更せざるを得ないことがあるので、ルールの変更管理も行えるようにしておきます。

プロジェクトの運用管理も明示しておきます。作業分担、連絡方法、異常値の報告ルール、ドキュメントの管理方法などが、メンバー全員にわかるようにしておきます。

リーダーの心構え

プロジェクトマネージャーやプロジェクトリーダーといわれる人は、交響楽団にたとえると指揮者にあたります。当然、みんなの視線が向いており、指揮者の一挙手一投足に注意を払っています。時にはそれを負担と感じる方もいるでしょうが、世の中とはそういうものです。よく見せようと意識しすぎると疲れてしまうので、リラックスして普段通りに過ごすことです。プロジェクトは一度きり、人生も一度きりなのでできるだけ悔いのないようそのときそのときを楽しむことです。

とはいえ、メンバーを預かっている以上、そのメンバーの力量を発揮させることは重要です。このときにリーダーとして心がけることは「教える」のではなく、「意図を伝える」ことです。各メンバーはもともと自主性と協調性を持っているはずなので、そのプロジェクトの状況に合わせ自らを常に修正・改善していく力を持っています。したがって、どこを目指すか(What)、なぜなのか(Why:根拠・意義)、どのように進めるか(How)という意図(2W1H)の説明をしっかりと行えば、指揮者に同調していきます。わからなければ質問してきます。質問が自然に出る職場は情報共有力が高まります。リーダーは組織の支配者ではありません。各メンバーが自らの力を発揮しやすいように環境を整えるサーバーです。

以上の心構えがあれば、マネージャーとして、あるいはリーダーとして問題ありませんが、具体的な行動指針の例を下記に列記しておきます。

◆リーダーの姿勢、スタイルについて

メンバーは、リーダーの姿勢、業務スタイルを見て、それに合わせようと努力しています。

したがって、説明はわかりやすく全員に極力同時に伝えます。「言わなくてもわかるだろ」は時にわかりにくくしてしまいます。また、日々の管理は基本的に一貫性が大事です。基本的に前例重視／標準化指向で行うことがメンバーにはわかりやすいのですが、改善を怠らないことも必要です。そして、メンバーから挙がってきた質問や異常値報告には、クイックレスポンスで応じることです。すぐに指示できない場合でも質問内容や報告内容を受け付けたことは早急にフィードバックします。

また、メンバーの評価は、100点を求めず、60点主義で臨むほうが全体として良い組織になっていくと思われます。メンバーは、自律的な向上意欲がありますので、それを尊重します。業務配分については、高い能力を示すメンバーに負荷が集中しがちですが、他メンバーの経験機会が減るなど、全体効率を落としかねませんので、キーメンバーには余力を残すようにして、他メンバーの応援や緊急対応が可能なようにしておきます。持続的な組織体を目指します。

◆コミュニケーションについて

情報共有は、組織の継続・改善・効率化に極めて重要です。リーダーは下記事項に配慮しておきます。

- 伝達方法を使い分ける。(文書回覧、工程会議、集合伝達、個別伝達)
- 図書類の起草、調査、承認ルートを明確にする。
- 報告ルーチンの確立(通常報告、異常値報告など、遅滞のないルーチン作り)
- 人それぞれの「異見」を大切にする。
- コミュニケーション1／3則[7]を念頭に。

[7]：何かを伝達しようと思ったとき、その対象となる集団は3種類の人からなる。伝達内容を理解する人と通じない人と誤解する人。つまり全員が理解しているとは限らない。また、伝達内容も3種類に分けられる。覚えやすい内容と、言えば思い出す内容と忘れてしまいやすい内容である。受け手の環境で変わるが、用語の使い方、強調の仕方などでも3種類の比率は変わってくる。

◆アクションについて

リーダーは、時にはより積極的に指導力を発揮することが必要になります。たとえば下記の事項については、待ちの姿勢ではなく、攻めの姿勢で臨むことも大事です。

- 定期的に作業現場と作業分担のチェックをする(各人の負荷は変化する)。
- 工程のステージが変わった時に発生する初期トラブルに注力すること。
- 進捗確認は工程の先取り(次の工程予測と不安要素の摘出)を誘導する。
- 大規模プロジェクトでは、差異の管理を意識して管理する。

なお、山本五十六の名言「やって見せ、言って聞かせて、させて見せ、誉めてやらねば、人は動かじ」も参考になるでしょう。

SECTION-48
プロジェクト要員の特性と運営ルール

世界には、巨大なプロジェクトが多々動いています。超高層ビル建設や4年に一度のオリンピックも巨大なプロジェクトです。見積もりが多少異なってしまうことはあっても期限を守り成功させるということは、ある意味驚くべきことです。しかしながら、ソフトウェア開発は、失敗プロジェクトが後を絶ちません。何とか完成しても使い物にならない無用の長物になっているものも少なくありません。インターネットが普及し始めた1990年代初頭から2010年代にかけて、アメリカを中心にソフトウェアプロジェクトの分析が盛んに行われました。ここでは、それらの分析結果を参考に、プロジェクトマネジメントの知見を整理してみます。

参考とした主な文献を下記に挙げておきます。

- ジェラルド・M・ワインバーグ(2011)『プログラミングの心理学 25周年記念版』(矢沢久雄 解説、伊豆原弓 訳)(日経BP)
- G.M.ワインバーグ(1944)『ワインバーグのシステム思考法』(大野侚郎 監訳)(共立出版)
- エドワード・ヨードン(2006)『デスマーチ 第2版』(松原友夫、山浦恒央 訳)(日経BP)
- エドワード・ヨードン(2010)『ソフトウェア管理の落とし穴』(松原友夫 訳)(新紀元社)

ヒトの特性とプログラム開発

ソフトウェア開発は、最近はアジャイル開発など、手法の発達やツールやプラットフォームソフトウェアの発達により失敗ケースはかなり少なくなっています。それでも新規のICTシステムは、苦戦しています。失敗しやすい理由として、次のようなものが挙げられます。

- 制作時も使用時もヒトの関与が極めて多いこと(ヒューマンエラーの入り込む余地が大きい)。
- ICTシステムの工程は企画、開発のウェイトが高く構築に時間のかかる複雑なシステムであること。

そのため、開発チームの行動特性や心理状態、熟練度が成否を大きく左右します。もちろんチーム内の人間関係も影響します。

前述した参考文献にソフトウェア開発プロジェクトのデスマーチ現象といわれる典型例を下記に列記します。

- スケジュールの圧力
- コストが予想以上に膨らんでいく
- 残業が恒常化する
- 技術変化の速さについていけない

これらの問題に対して有効な解決策はなかなか見当たらず、いわゆる「銀の弾丸」はないといわれてきました。プロジェクトを担う人は少なくとも典型的な(陥りがちな)失敗事例には触れておきましょう。

◆スケジュールの圧力

納期に間に合わない、後戻り作業が増えていきなかなか進まないなどの現象について、いくつかの知見が報告されています。

- 中規模システムの75%、大規模システムの90%がスケジュールの圧迫を感じている。
- テストやレビューを短縮すればよいと考える人は多い。優秀な(と自負している人も含めて)人ほどそう考えがちである。
- 仕事は割り当てられた時間いっぱいに延びる(パーキンソンの呪い)。
- プロジェクトが遅れたときは、人を投入するほどますます遅れる(ブルックスの法則)。
- 一般にソフトウェアは全体工程の最後尾にいる(結果、前工程の仕様修正の影響が積み上がっていく)。

●ソフトウェアの工程上の位置付け

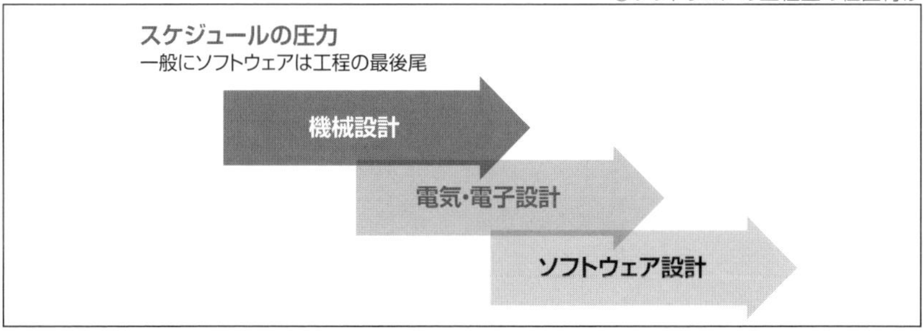

◆コストが予想以上に膨らんでいく

これについてもいくつかの報告が出されています。

- 開発コストの40〜80%は、初期段階で作り込んだバグの修正だったとの報告もある。
- 仮に一言一句仕様書に忠実に作ってもシステムが正しく動くわけではない。
- 顧客の要求と要求仕様(書)にギャップがある。非機能要求の仕様漏れは多くの場合、請負側負担になりやすい。
- プログラミング作業の生産性に係わる課題が潜んでいる。開発環境の問題、再利用率の低さ、10%以上の確率で低生産者がいる、工程進捗の尺度が不正確などなど。
- 線形性の錯誤がある。1+1=2ではない。同様に10+10=20ではない。合計は少ない。また、作業の進捗は、遅延を含む成長曲線に従う。
- ソフトウェア開発の完了基準は、正しさから出来上がりの速さを重視するようになった。よって試験調整や保守業務にコストがシフトする。

◆残業が恒常化する

残業を増やせば、工程消化は可能と考えている人は多でしょう。短期的に当てはまることはあります。特に日本の開発現場は、残業の多さが開発の成功につながっていると感じている人は多いのです。しかし、この状況は特にキーマンの技術者寿命を縮めており、次のフェーズへの成長を阻害している可能性が高いです。

◆技術変化の速さについていけない

ソフトウェアは、変革が早く技術の流行に敏感でないと時代遅れになります。技術には、流行型の技術と蓄積型の技術があります。流行型の技術は半減期も早くあまりこだわりすぎることは感心しません。手先の技能が必要なときもありますが、それよりも本質的な普遍的な技術・真理に目を向けるようにしていくことです。

◆デスマーチ対策

先に述べたように銀の弾丸はありません。つまり失敗を回避する決定打というものはないので、地道にリスク回避策を準備していくことになります。極めて常識的ですが、下記に回避策の一端を列記しておきます。

- 開発プロセスを守り、顧客を誘導すること。
- 多くのデスマーチ現象や過去のトラブルを知識化して早めにリスク対策を地道に打っていくこと。
- 上流工程が特に重要。基本作業をしっかり行っていくこと。

プログラミングチームの作られ方

ソフトウェア開発は、どんな大規模なものであれ、組織は階層化され、単位チームは小集団活動となります。メンバーは、それぞれの個性と集団内に置かれた立ち位置からそれぞれに特性が発揮されます。そして、その集合体であるチームにも特有のチームカラーが生じます。個人の個性やチームの個性を尊重しつつも、そこには後述するある法則が見いだされます。プロジェクトマネージャーはこの法則を認識してムリ・ムダ・ムラのない管理と統制を図ることになります。

◆チームの特性

一般にあるまとまったジョブを複数人で担当する場合、そのチームの作業能力は、人数のn倍にはなりません。複数人で行うがゆえに、各人の間で連絡をとりあう必要が生じます。あるいは一定の作業ルールを導入するとか、学習や外部への報告なども必要になります。つまり直接生産に関わらない間接作業が増えます。本来のアウトプットを期待できる作業を直接作業といい、付帯的に発生するアウトプットに直接関わらない作業を間接作業ということにすると、この間接作業は休息とは別に10%前後発生します。

これは目先の生産効率だけ考えると作業ロスといえますが、必ず発生する必要なロスです。特に上流工程においては比率も大きく不可欠な場合もあります。見積もり段階で見落としがちですが、プロジェクトが大規模になるほど、この間接作業比率は大きくなるので、あらかじめ見積もり時に考慮しておく必要があります。

下図にチームの作業能力についての課題を提示しておきます。計算してみてください[8]。

◉チームの特性

前提

- ある業務タスクに複数人を割り当て、1チームを編成する
- そのようなチームを複数編成してプロジェクトを構成する
- プロジェクトリーダーは週一各チームのチームリーダーと会議を行う

検討課題 1

同程度の能力を持ったプログラマー3人がチームを組んだ場合、
このチームの作業能力はいくらか?

検討課題 2

三人のプログラマーからなる三つのチームは、その総計の作業能力はいくらか?

(各人の間接作業比率は10%とする)

なお、この間接作業は、ムダ作業として改善活動の対象にもなりますが、単純に減らすのではなく、将来への能力向上のための布石となるものもあるので、一律削減するのではなく、将来の育成・改善につながるものは確保しておくことが大事です。

◆チームの規模

小集団のチームには、おのずと適正な規模があります。もちろん、チームリーダーの指導力によって多少の違いはありますが、この適正規模は、目安として心得ておくべきものです。小集団の規模は、先述した、マジカルナンバーと情報量等量則(156〜157ページ参照)に縛られて、一定以上の大きさにはなれません。無理をすると破綻のもとになります。

次ページの図に数学の問題を提示しておきます。

[8]：3人のチームの1人がチームリーダーになるとして、「①0.9x3-0.1=2.6人」「②(0.9x3−0.1)x3=7.8人」のように単純な足し算にならない。このチーム編成が多数集まって階層構造をとると、階層間の連絡・調整が発生し、階層の数に比例して間接作業はさらに増える。

◉チームの規模

チームの規模

- 一人ではできない作業に複数人を割り当てる
- しかし、チームは、情報量等量則とマジカルナンバー（nチャンク）に規制されて一定以上の大きさにはなれない

検討課題 3

多角形の対角線と辺の合計数はいくらか

- 五角形
- 七角形
- 十角形

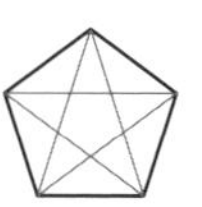
五角形

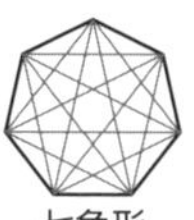
七角形

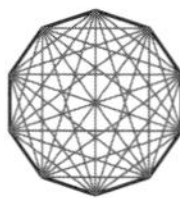
十角形

多角形の頂点を人になぞらえ、辺と対角線を連絡·相談のつながりと見ると、マジカルナンバーをご存じの方や小集団活動の経験のある方は、構成可能な小集団の規模に納得されるでしょう。

ちなみに、n角形の辺と対角線の総数Mは、次の式で求められます。

$$M = \frac{1}{2}n(n-1)$$

◆ プログラミングメンバーの特性

先述した参考文献（172ページ参照）にプログラミング集団についての調査分析が示されています。その中でも興味深いものを説明します。

下図は、テスト作業時の活動分析の報告です。ヒトは、複数の特性を持っていることを示しています。

◉分析報告（プログラミングメンバーの特性）①

作業の多様性、ヒトの能力の多様性
<テスト作業における活動分析報告の例>

1. 誤りの存在を検出する
2. 誤りのありかをつきとめる
3. 発見された誤りを修正する
4. 同様の他の誤りを類推する

- 1・2 → 分析的
- 2・3 → 合成的
- 3・4 → 創造的

トラブルシューティングにおける筆者の経験でも、原因分析に力を発揮する者がいれば、その原因からどう修正すればよいか即座に答える者もいて、さらにそれらをもとに同様の誤りを推定して未発現のバグを見つけ出す者もいました。人の特異な才能が実に多様なんだと実感したことがあります（トラブルシューティングは、ある種、推理小説にも似ていて、ヒトの実力や才能発見の場にもなります）。

下図は、工程フェーズごとに得意・不得意が現れるという分析報告です。

◉分析報告（プログラミングメンバーの特性）②

分析結果 工程フェイズごとに得意不得意が出現する

- 仕様をまとめることが得意な人
- プログラミングが得意な人
- 試験が得意な人

結果から得られたこと

- すべてが得意な人は、まれ
- ITシステムの開発現場では、ヒトの多様性が大きく発現する
- ヒトの多様性を許容し、最適なフォーメーションを常に探る必要がある

素晴らしい設計センスがあるのに試験の企画も作業もモタモタしている人がいる一方で、設計は苦手だが試験の準備から実施、報告まで実にスピーディに仕上げる人もいます。プログラミングについては、さらに得手不得手が顕著です。残念なのは、やってみるまで、得意不得意がなかなかわからないことです。

近年は、人の能力分析や適性検査技術が発展していて、かなりの程度事前に見分けることができるようになってきているようですが、まだまだ手探り状態だと思います。

下図は、人の性格特性の紹介です。ヒトの性格を3つの側面で表しています。

◉分析報告(プログラミングメンバーの特性)③

ヒトの性格特性に関する分析結果：以下の3側面からなる。

Compliant型(順応型)　：人と一緒に働いて手助けする

Aggressive型(積極型)：金と名声を得る

Detached型(分遣型)　：1人で創造性を発揮する

ヒトは、以上の3つの側面のどれかに傾いている。
では、プログラマーは、どの側面が大きいか。

- プログラミング作業は孤独で創造的である
- 孤独なプログラマーは自分のプログラムに執着する

ヒトはここに挙げた3つの側面を大なり小なりすべて持っていて、表面に現れた性格は、この3側面のどこかに傾斜しています。なお、プログラマーは、分遣型が多いようです。プログラム作成は、モノづくりというよりアートの側面が大きいこともあり、創造性を発揮するには孤独の作業が向いていることは多々あります。それは制作レベルを上げるメリットもありますが、孤独を好むプログラマーは自分のプログラムに執着してしまい、周りから孤立してしまうこともあります。

メンバーの特性を把握するためには、日々の対話だけでなく、工程フェーズの変わり目やデザインレビューの会合などでグループ討議をしてみることで、いつもと異なる一面を発見できます。

◆チームの作られ方

前述してきたチーム活動の分析報告には、次のような指摘もあります。

1. チームの一人以上が目標を理解していない場合、グループの達成度は低下する。
2. グループが自発的に設定した目標は達成度が高い。ヒトは何をするかよりもなぜそうするのかを知りたがる。
3. ある報告では、余計な割込み（電話、ドアの開閉など）の少ない環境は、一般オフィス環境よりも生産性が30〜260%向上したとのこと。

上記の3については、各社がいろいろ対策を打ち出しており、現在は、課題は少ないと思いますが、開発環境の整備は重要です。

よいプログラムとは

システムにおけるソフトウェアの比重が非常に高くなっているわりに、品質向上努力が追いついていないように見受けられます。品質管理は、各業界、各企業体などでさまざまな取り組み方をされていると思いますが、そもそも品質管理として何を目指すか（非機能要求）は同じです。よいプログラムの定義をしてみます。

- 仕様を満たしていること。
- スケジュール通りに作られていること。
- 変更容易性があること（再利用性、可用性）。
- 効率が良いこと（試験容易性、リソース低消費）。

プログラムは、エゴレスプログラミングが理想といわれています。ソフトウェアは芸術だという人もいますが、システムの一部として機能する限り工業製品です（工業製品が時に芸術的なモノとして評価されることはあります）。

また、作成した人と使う人は違います。さらに保守や置き換え、移植する人も異なります。プログラムが難解な論文のようではいけません。平易で読みやすいプログラム作成をメンバー全員が心がけるようにします。

SECTION-49

コミュニケーションの重要性

プロジェクト業務は平坦でありません。しかも複数人で行われます。まさに山あり谷ありです。そのような中で、自分を見失うことや孤立状況に置かれることもあります。自分の役割は微妙に変化しています。このような業務環境下で、自分の立ち位置を見失うことのないようにするために、聞き上手になることを勧めます。

スキル的には、ファシリテーションスキルを身に付けること、会話力を高めることです。たとえ、ノミニュケーションや議論することが苦手だという人であってもリーダーになったら、この2つは好き嫌いに関係なく身に付けたいスキルです。

親しくなろうとか協調性を持とうなどと自分に妥協する必要はありません。自分を変えること(時には必要ですが)なく、対人スキルを上げておけばリーダーは務まります。

また、「暗黙知のリスク」が案外大きいこともあるので、注意が必要です。

暗黙知は、多面的で複数あります。さらに暗黙知と認識せずに、知らないことを罪と決めつける人もままいます。一部の人しか知らない暗黙知であることを認識せずに、周りから見れば前提条件の不明な説明を進める人もいます。さらに暗黙知に関しては、その内容をよく知っている人も実は断片的な知識であったということもあります。暗黙知のリスクを最小限にするためにもコミュニケーションは重要です。

ファシリテーションスキルを磨く

次ページの図は話し合いにて方向性を確認する場面において現れる4つのパターンです。

●話し合いの4象限

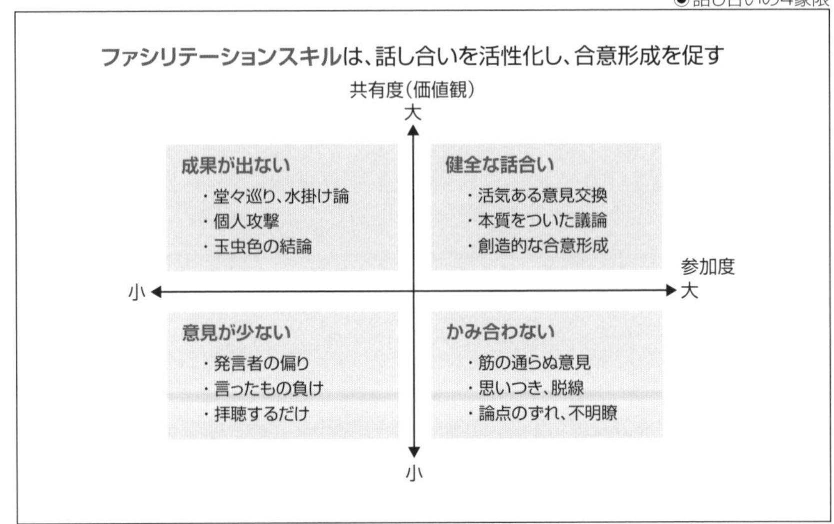

価値観(情報)の共有度合いと参加(姿勢)度合いを尺度にすると状況把握が容易になります。

価値観共有度も参加度も少ない場では有効な意見はなく何も進みません。また、価値観共有度が小さく参加度が高い場合は、論点のズレや筋の通らない意見が飛び出し、まとまりません。価値観共有度が大きくても参加度が小さいとお互いに歩み寄ることなく堂々巡りになりかねません。話し合いをする場合は、価値観共有度も参加度も大きくなるように準備段階から合意形成を見いだすように進めます。このような役割を担うのがファシリテーターです。

プロジェクトを進めるときは、プロジェクトマネージャーも含めて複数人のファシリテーションスキルのある人を確保あるいは育成しておきたいものです。ファシリテーションの詳細は他の書籍などに譲りますが、会議をするときの要点を下記に挙げておきます。

◆アクティブリスニングを心がける

人の話を聞くときは、共感的に聞くことを心がけます。ただし評価も判断もせずありのままに聞きます。「たぶんこういうことだ」などと可能性はあっても決めつけてはいけません。

次に相手の主張を受けとめ復唱します。そして質問してみます。質問は開いた質問と閉じた質問を使い分けます[9]。

[9]:開いた質問は具体的な答えを聞くもので、Why、Whatなどの構文です。閉じた質問は、Yes、Noで答えられる質問のことです。閉じた質問は、論点が単純化されるが議論が続かない。

◆ファシリテーションサイクル

合意形成に向けてファシリテーションサイクルに沿って話を進めます。

◉ファシリテーションサイクル

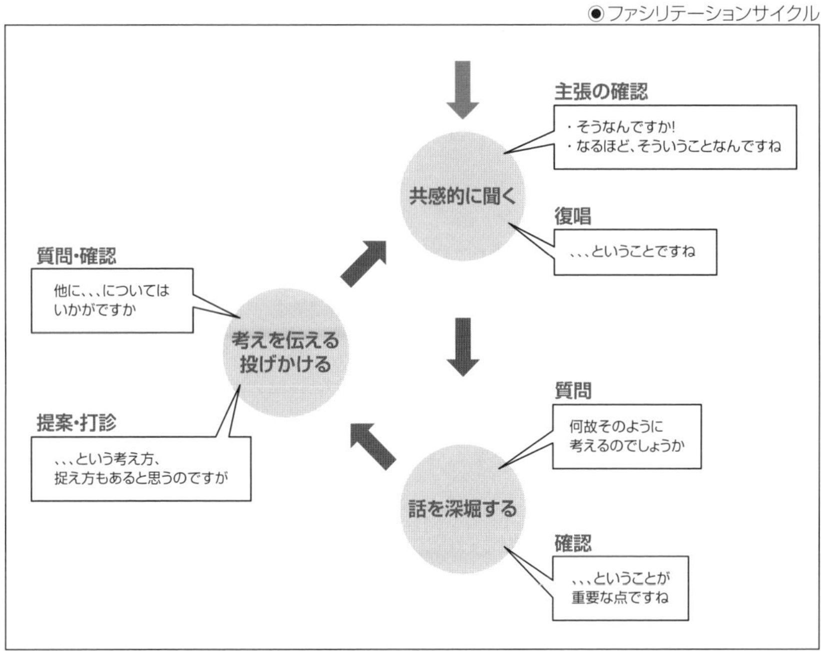

このサイクルを繰り返す中で、らせん階段を登るように合意点に向かっていきます。場合によっては堂々巡りになる可能性もあります。そのときはいったん休息するか別の話題に切り替えて、視点の切り替え、別のアプローチ方法へ切り替えてみます。

合意形成のゴールに向かっては、必ず複数案を用意し比較評価して1つに絞り込むようにします。また、最終案にも何らかの課題・リスクが残りますので、その対応策も付記します。

議事録は翌日の午前には配付します。議事録の承認ルートに時間がかかる場合は速記録を出しておきます。議事録が遅れると、その間に状況が変化する、忘れられてしまうなど、矛盾や意識低下が起き、プロジェクト全体の問題意識が低下していくので、クイック対応を心がけます。

会話力を高める

会話力を高めることは、お互いの人間関係を高めることにもなります。うっかり発した一言で人間関係が壊れることもあれば、ある一言がきっかけで信頼関係が気づかれていくこともあります。リーダーはプロジェクトの場が人間関係を高める場にもなるようにしむけていきます。下記に会話のコツを紹介します。

◆挨拶に一言追加する

「おはようございます」に「今日はいい天気ですね」を追加するなどです。

◆話題のバリエーションを増やす

間が空いたときにも、「キドニタチカケセシ衣食住[10]」のように話題候補はいっぱいあります。

◆ミーティングでは避けるべきテーマがある

ビジネス場面の対人関係は気心知れた仲間との関係とは違います。人は自身の育った環境や風土、体験、宗教観によって、触れてほしくない話題があります。また人生観の違いが時に大きな溝を生みかねません。特に避けるべき(気をつけるべき)は、宗教の話、政治的な話、家族の話の3つです。なお特定の集団や地域によっては、このタブー以外にも避けるべき話題があるかもしれません。

親しくなろうとして、家族の話を持ち出す人もいますが、事情によっては、相手を遠ざけることになりかねないので、要注意です。親しくなってから、家族の話や政治の話になるのはかまいませんが、距離感のある相手に、いきなりタブーの話題を持ち出してはいけません。

◆意見がぶつかる場合の対処法を身に付ける

相手が間違えていると思われる場面でも感情的にならず相手を傷つけないように言葉を選びながら話します。特に相手を全面否定する発言は慎むべきです。相手のどこがいけない(と思われる)のか具体的に指摘することです。具体性のない否定は人格否定と受け取られます。その人の人生を否定しているようなものです。そうなると相手には妥協点が見えず戦うことしかなくなります。要するにケンカをふっかけているようなものです。したがって話をできるだけ具体的になるように心がけます。

[10]：話題となる事項の頭文字をとった言葉、話題はこんなにあるという例。季節の話題、道楽の話題、ニュース、旅、地域、買い物、稽古事、世間話、趣味の話、衣食住の話。

下図に例題を挙げました。空欄に言葉を入れてみてください[11]。

●意見がぶつかる場合の対処

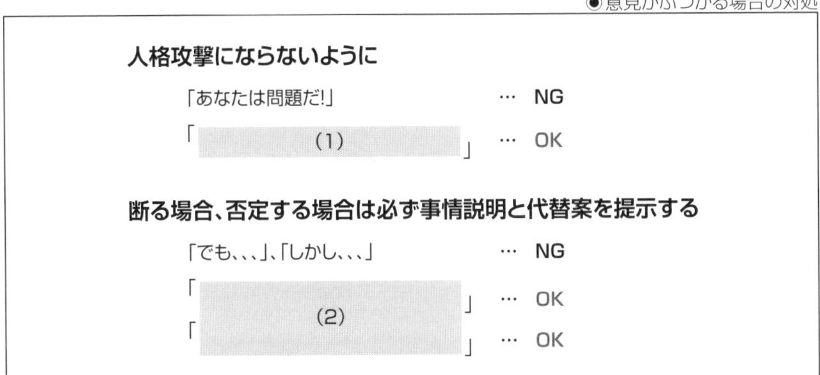

◆言葉は置き換えられる

ほとんどの言葉は同義語を持っています。感情に任せて湧き上がる言葉は、発話してしまう前に冷静に同義語を探してみましょう。下図に例を挙げました。試してみてください[12]。

●言葉の置き換え

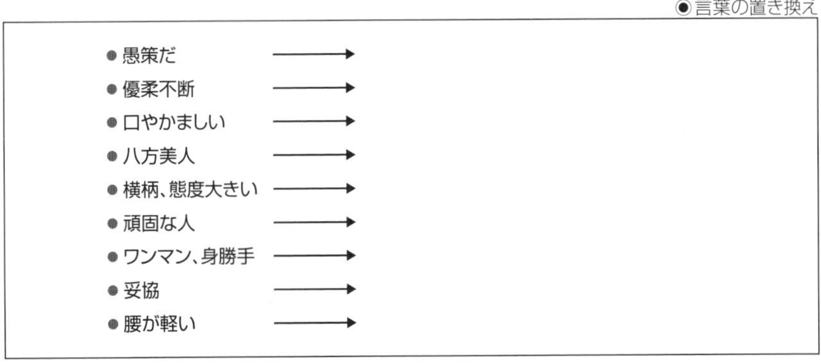

以上、会話力は心構えと自己鍛錬で向上します。世阿弥の言葉の中に「離見の見」と「目前心後」という訓(おし)えがありますが、自分自身を第3者的に観察する視点を持つようにすることが、会話力(人間力)を向上させます[13]。

[11]:たとえば、「あなたは問題だ」⇒「あなたのあの(行動、言い方)は問題だ」、「でも、しかし、」⇒「なるほど、それで、ということですか」「私の考えは、○○ということです」など。

[12]:言い換えの例として、「愚策だ」⇒「課題が隠れている可能性がある」、「優柔不断」⇒「熟慮」「慎重型」「ジックリ型」、「口やかましい」⇒「道徳心がある」「熱心な指導」、「八方美人」⇒「配慮のある人」「協調性がある人」、「横柄」「態度が大きい」⇒「大物」「堂々としている」、「頑固な人」⇒「信念の強い人」「一徹」、「ワンマン」「身勝手」⇒「マイペース型」「大物」「自由闊達」、「妥協」⇒「協調的」「Win-Winの関係構築」、「腰が軽い」⇒「フットワークがいい」「動きが早い」など。

[13]:離見の見は、役者が観客の立場になって自分を観察すること。目前心後は、「前や左右は自分の目で確かめることはできるが、後ろは心で見る」という意味。

小集団活動の導入

小集団の活動方法としては、TBM、KYTやブレーンストーミングなどがあります、ブレーンストーミングは、チームのコミュニケーションレベルの向上や、全体課題解決のために有効です。プロジェクトの活性化のために導入することもよい方法です。なお、ブレーンストーミングでは、どんな意見（異見）であっても否定しない、けなさないことです。

また、どんなに選抜した集団でも一定数を超える集団には異端者が発生するといわれています。アウトサイダーをゼロにしようとすることはムリです。リーダーは、ムダな努力を避け、割切って合格点を超える活動を進めることです。

SECTION-50

リーダーの資質向上

プロジェクトはますます高度になり、複雑化しています。モノづくりの秘伝を知っているだけではビジネスにならず、多くのモノをつなぐことや組み合わせていくことで新たなビジネスが生まれています。プロジェクトやビジネスが変容しているので、マネージャーやリーダーも変化が求められています。プロジェクトマネジメントは、PMBOKや情報工学の他に人間工学と社会学の知見が重要になってきていると思います。個人的には、さらに失敗学(経験則)の知見が有用と思います。

ここでは、失敗学的視点と社会学的視点からプロマネの失敗しない作法を探りたいと思います。

プロジェクトの失敗例と原因のマクロ分析

システムの失敗事例は、古今東西多々あります。事故災害現場が危険すぎて取材できずあまり報道されなかったものもあります。ソフトウェアに関しては、特に失敗事例が多いのですが、その典型的な例(マネージャーの愚痴)を下記に列挙します。

- 顧客の要求が曖昧だった。
- 顧客の要求が過大すぎた。
- 契約内容を十分把握していなかった。
- 仕様変更が多すぎた。
- 発量が予想以上に大きかった。
- 工程が短すぎた。
- ベースラインごとの承認・決定が遅れがち。
- 要なメンバーが揃わなかった。
- 技術不足、経験不足だった。
- ツールや端末の性能が出なかった。使いこなせなかった。
- プロジェクト進行中に社会環境が変わり計画も変更になった。　などなど

課題は多岐にわたりますが、大きく分けるとプロセスの問題か個人の問題かということになります。

いずれにしても、個々に特定される具体的な設計・試験の失敗原因以外にマネジメント側面の原因も多くあります。マネジメントの失敗が背景にあって設計・製造・試験で表面化しているともいえます。これらの失敗例の対策として、プロセスの問題はその管理改善を求め、個人の問題はスキルアップが求められます。しかし、目線を変えてプロジェクト開始前の取り組み方の改善に焦点を当てることが重要な場合もあります。鳥の目線でプロジェクトを観察することが必要です。

49ページの図にソフトウェア開発プロセスが示されています。ISO・JISでは、この図のようなSLCPを提示していますが、図の左端に記載したようにシステム設計とソフトウェア設計の間に大きなギャップがあります。上流側を外部設計と呼び、発注側と仕様を調整し確認していくフェーズです。下流側は、内部設計と呼び、作り込んでいくフェーズです。

注文住宅にたとえれば、外部設計は家の全体図であり、レイアウト図であり、使い勝手を想像できるものになっています。それに対して、内部設計は、柱や梁の強度や長さ、その他材料や器材類の仕様と量を決めていきます。客は内部設計書を必要としませんが、請負側は、外部設計書と内部設計書の両方がないと仕事になりません。この例にあるように、ソフトウェア開発においても外部設計段階の課題・対策と内部設計製造段階の課題・対策は質的に異なります。

それを踏まえて、典型的な失敗例を整理すると次のようになります。

1 要求実現の失敗(内部設計の失敗)……管理の不適切、リソースの質・量不足

2 要求獲得の失敗(外部設計の失敗)……要求の漏れ、誤解、整理不足

1の背景要因については、開発メンバーの行動特性や環境、練度により左右されますが、請負側が企業体であれば、経験と共に内部ノウハウが蓄積され失敗例は劇的に減っていく性質のものです。

2の背景要因は、ICTシステムはヒトとの関わりが多岐多様なことや発注側の人間的要素にかなり左右され、しかも失敗事例の経験値を積み重ねにくいこともあり、今後も苦戦が予想される課題です。発注側のITリテラシーを高めることが基本になります。国を挙げてDXやICTリテラシー向上を進めていますが、小学校のパソコン教育が始まったばかりなので、まだ心もとない状況です。

このような実態の中で、プロジェクトマネージャーは、どう対応したらよいでしょうか。

外部設計の成果物に着目して、この段階の設計書から曖昧さを極力排除すること、システムユーザーにシステムの限界(あるいは境界)をあらかじ知っておいてもらうことなど、発注側と請負側のギャップをなくすことが、失敗リスクを低減することにつながります。

失敗しないための視点形成

プロジェクトマネージャーは、発注側から完成を期待され、請負側メンバーからは指導力を期待されています。これらの期待に応えるためには、高く広い視点が必要になります。発注側と請負側が発信する情報の中に隠れている意図を読み取る洞察力も必要になります。

こうなると、プロジェクトマネジメントがとても荷が重い難しい業務に思えますが、次に示す3つの視点をキーに、自分を第三者的に観察して、謙虚にアンテナを高くしておくことで乗り越えることができると思います。

- 顧客というものをどの程度理解しているだろうか
- 自分や自チームをどのように理解しているだろうか
- プロジェクトの進み方をどう読んでいるだろうか

◆顧客というものをどの程度理解しているだろうか

請負側から見た顧客の多くは次のような特性があると自覚しておきます。

- 顧客は、その業界、その分野の言葉で話をする。
- 顧客は、その業界で当たり前のことは言わない。
- 顧客は、現状から改善したいこと、新たにやりたいことだけを言う。
- 顧客は、一度言ったら、受注者はすべて理解したと思ってしまう。
- 顧客は、請負側の得手不得手や請負側の常識を知らない。

自分と顧客の立ち位置の違いからくる視野の隔たりを認識してそのギャップを埋める方向にファシリテートします。お互いにそれぞれが持っている暗黙知を見える形にしていく努力が必要になります。

◆ 自分や自チームをどのように理解しているだろうか

請負側の陥りがちな自己認識不足の例を挙げます。

- 自分(達)がいかに誤解しやすい人間なのか認識していない。
- 自分(達)がいかに常識を知らないのかを認識していない。
- 要求仕様が正しければ、その後の開発は問題ないと思っている(顧客が正しければ、自分達はうまくやれると思っている)。

ヒトは誤解しやすい動物であり、自分もそうなのだと認識して、ヒトの「異見」意見に耳を傾けるようにすることで真実に近づくことができます。

◆ プロジェクトの進み方をどう読んでいるだろうか

次の2点を振り返ってみます。

- プロジェクトの基本パターンを本当に理解しているだろうか。
- 相手の暗黙知を引き出す術をどのくらい持っているだろうか。

対策の決め手はありませんが、これまで説明してきたヒントを参考に明るく努力してください。また、失敗事例を数多く学習することをお勧めします。

プロジェクトは、マネージャーが天才的力を発揮しても、失敗するリスクがあります。その場合、撤退や再構築を考えないといけません。天災や不慮の事故は別として、発注側と請負側の技術力ギャップと人間性ギャップに注目して、大きな戦略を立てておきましょう。

参考までに次ページの図に技術力と人間性ギャップをもとにした戦略事例を載せておきます。Win-Winの関係になることを期待します。

◉発注側との関係から見たプロジェクトの基本タイプ

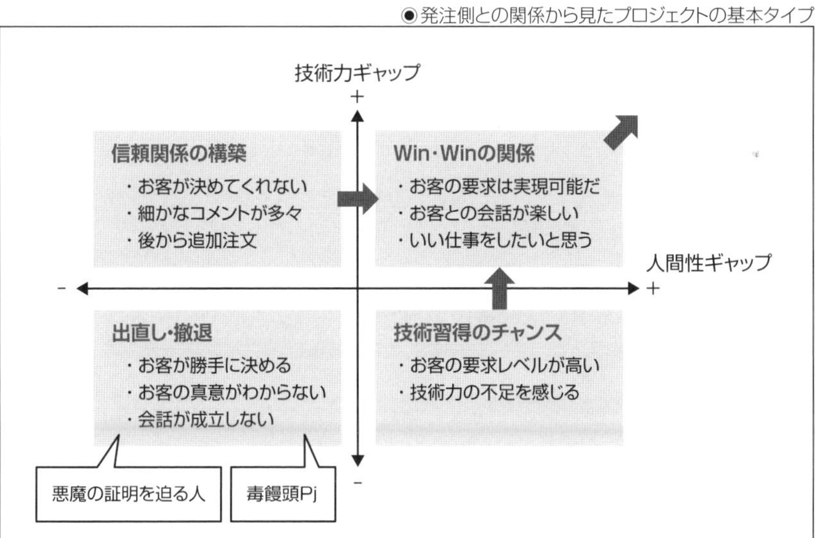

SECTION-51

演習問題⑧

①今年のカレンダーをベースに、4月第2週月曜日開始、7月第1週金曜日終了のプロジェクトAと12月第2週月曜日開始、3月第1週金曜日終了のプロジェクトBとでは、工程管理上どのような違いがあるか考えてみてください。

②次の言葉を別な言葉に言い換えてみてください。

- あなたは頭が固い
- あなたは人を見る目がない

※回答例は208ページを参照してください。

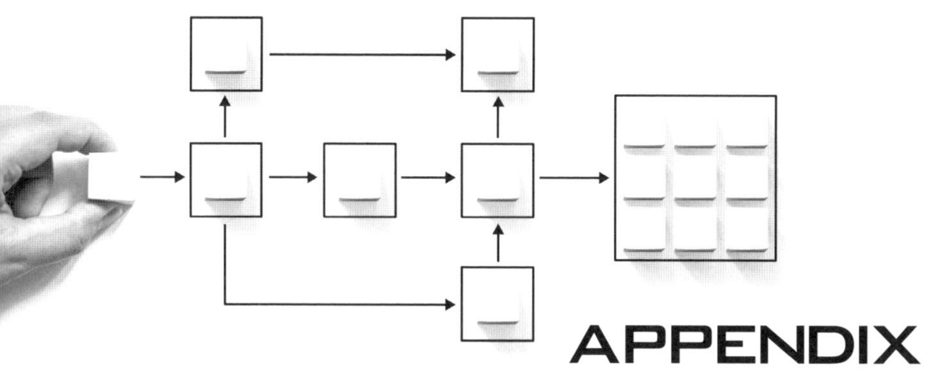

APPENDIX

演習課題の回答例

本章の概要

各章末に掲載した演習課題の回答例を付録として挙げてみます。ただし、プロジェクトがまったく同じものはないように、本回答も所属や個人によりいろいろな見方があって、一個の正解というものはありません。時代変化によっても大きくか変わるでしょう。

回答は複数あるので、あくまで一例と捉えて参考にしてください。

演習課題①の回答例

①親しい友達グループで一泊二日の登山に行く場合を想定して、計画段階で決めるべきことを挙げてみてください。また、登山中の段階におけるリーダーの管理項目を挙げてみてください。

【回答例】

登山を特定のプロジェクトとして捉えます。計画段階で決めるべきことは、まず14ページに示した要件を明確にすることです。具体的には次の項目になります。

- 特定の目的・目標
  - どの山に登るか、どのコースをとるかを決めます。
- 一定のリソース
  - 参加メンバーを決めます（スキルも評価する）。予算、携行用品も決めます。道中調達品（食事、水場など）も決めます。
- 一定の期限
  - 出発日時（集合日時）と帰還日時（解散日時）を決めます。

ちなみに山頂制覇のときに、余力があるからともう一峰寄って行こうというようなことは、避けるべきです。やるとしても計画段階であらかじめ検討しておきましょう。計画段階で未検討のことは、リスクが非常に高くなります。

リーダーの管理項目としては、16ページに提示したマネジメント項目が該当します。特に、タイムマネジメント（進捗度）、コストマネジメント（登山においては、メンバーの疲労度や食料、水の残量）、リスクマネジメント（危険個所や危険行動の回避）が挙げられます。調達マネジメントとして、水場の確認や山小屋などでの食事も挙げられます。また、情報共有が図られているかも重要な管理項目です。

②機能型組織とプロジェクト組織それぞれのメリットとデメリットを挙げてください。

【回答例】

機能型組織のメリットは、専門家集団となりノウハウ蓄積や相互の協力·バックアップがしやすいということになります。デメリットはある特定の目標に向かうときに業務分担が曖昧になりやすいことでしょう。

プロジェクト型組織のメリットは、業務の責任分担が明確化されており、効率よく特定の目標に向かいやすいことです。デメリットは、ノウハウ蓄積が難しいこと、相互バックアップが限定的にならざるを得ないことです。

なお、活動環境は、企業や地域社会などによりさまざまなので、グループ討議をして、メリット・デメリットを出してみるのもいいと思います。答えはいろいろあります。

SECTION-53

演習課題②の回答例

①スイスチーズモデルを念頭に事例を探して複数の対策を考えてみてください。

【回答例】

スイスチーズモデルは、複数の防護壁にそれぞれ固有の穴（弱点）があることを前提として、事故が発生するメカニズムを説明するためのモデルです。スイスチーズモデルが適用可能な事例を2つ紹介します。

●医療事故

外来にて新たに高血圧治療薬（アルマール）を処方するところを糖尿病治療薬（アマリール）を処方してしまった「薬剤取り違え事故」事例です。この事例は、カルテには「処方アルマール」と記載しましたが、入力時にアマリールを選択してしまいました。入力画面にはアマリール（糖尿病薬）の注意喚起表示もありました。腎内分泌内科医師として両薬剤についての知識は十分にありましたが、確認不足による事故です。これは、複数の防護壁をすり抜けて発生した典型的なスイスチーズモデルの事例といえます。事故を防ぐ防護壁としては、少なくとも下記のチェックポイントが考えられます。

- （1）医師のカルテ作成時
- （2）看護師の処方入力時
- （3）処方を受け取った薬局の薬剤処方時
- （4）患者に処方するとき

この4つのチェックポイントのうち、（2）でエラーが発生したのち、そのエラーが（3）、（4）の壁をすり抜けてしまったと考えられます。

したがって対策としては、（2）のエラー防止策だけでなく、（3）における患者の症状と処方薬の妥当性チェックなど、（4）の本人への最終確認など、弱点改善も必要になると考えられます。

●転落事故

幼児が出窓に乗り、2階の窓から転落した事故の安全対策において、スイスチーズモデルを使って考えてみます。それぞれ固有のチーズの穴が一直線に揃ったときに危険因子が防御壁をすり抜け、重大な事故が起きる可能性を想定しています。幼児の転落事故を防ぐためには、「出窓の下には踏み台になると思われるものは置かない」「幼児が窓を1人で開けられないようにキー付き錠などを取り付ける」「そもそも幼児から目を離さないようにする」など、多重に防護することが重要です。

こうした事例からスイスチーズモデルは、事故を防ぐために多重に防護していても事故は起きる可能性があり、複数の防護壁があっても油断大敵という注意喚起のモデルとなっています。

---

②項羽と劉邦の戦いで、何度も負け続けた劉邦が最後に勝利したのはなぜか理由を考えてください。

【回答例】

●（1）人望と人材の活用

劉邦は人望があり、多くの有能な人材が集まりました。韓信をはじめ優れた武将や軍師を自らの陣営に受け入れ、彼らに才能を発揮させました。張良のような優れた軍師の助言を受け入れ、戦略的に行動しました。手ごわい敵はプライドに固執せず部下の助言に従って迂回し、項羽が直進する間に劉邦は咸陽に先に到着するなど、柔軟な戦術を展開しました。

●（2）項羽の人心掌握の失策

項羽は有能な人材を集めましたが、功績評価において部下の不満を生むことがあり、有能な部下が離反する原因となりました。また、しばしば自らすべてを取り仕切ることもあり、范増のような名軍師を仲違いさせられることで失い、自滅の道を歩みました。

こうした複数の要因が重なり、劉邦は最終的に項羽を破り、漢の高祖として中国を統一することに成功しました。

SECTION-54

演習課題③の回答例

①フィージビリティスタディを行う目的と検証項目について考えてみてください。

【回答例】

フィージビリティスタディ(FS;Feasibility Study)とは、前例のないようなプロジェクトの実現可能性を事前に調査・検討することです。特に技術的実現性と投資効果に関する検証を行います。

• 技術的実現性

プロジェクトを実行するために必要な技術能力とリソースがどれだけ必要かを評価します。

• 投資効果

プロジェクトを実行するための資金がどの程度必要かを確認します。また、コストと利益の分析も行います。

こうした検証を行うにあたり、まず課題の明確化を行い、新事業やプロジェクトの実現可能性を明確にしていきます。FSの次段階で組織外への調達や組織内育成などを検討することになります。

---

②要求定義(0.25)、設計(0.25)、コーディング(0.28)、テスト(0.17)、デプロイメント(0.05)の割合で管理しているプロジェクトを想定します。プロジェクト工数を計算する場合、全工数の28%が112人日であるとします。200本のアプリケーションソフトウェア開発のうち100本がテストまで開発完了し、残りの100本が設計以降未着手である場合、残りの作業工数を求めてください。各プログラム同士の相互作用は考えないものとします。

【回答例】

プロジェクト全体の工数を求めるために、112人日が全工数の28%に相当するという情報を使用します。

まず、プロジェクト全体の工数をxとして計算します。「$0.28x = 112$人日」を解くと、$x = 400$人日となり、プロジェクト全体の工数は400人日です。

次に、要求定義、外部設計、内部設計の各フェーズの工数を計算します。それぞれのフェーズの割合は次の通りです。

フェーズ	割合
要求定義	0.25
設計	0.25
コーディング	0.28
テスト	0.17
デプロイメント	0.05

これらの割合をプロジェクト全体の工数に適用すると、各フェーズの工数は次のようになります。

フェーズ	工数
要求定義	0.25 × 400日 = 100人日
設計	0.25 × 400日 = 100人日
コーディング	0.28 × 400日 = 112人日
テスト	0.17 × 400日 = 68人日
デプロイメント	0.05 × 400日 = 20人日

200本のアプリケーションソフトウェア開発のうち100本が完了している場合、残りの100本の開発に必要な工数を求めます。プロジェクトのコーディングの工数は112人日です。

アプリケーションソフトウェア開発の半分が完了しているため、残りの作業工数は半分になります。したがって、残りの100本のアプリケーションソフトウェア開発には112日÷2=56人日が必要です。

よって、プロジェクト全体の工数は400人日、残りの工数は56人日となります。

演習課題④の回答例

①電子レンジの加熱スイッチと扉開閉（スイッチ）を例に簡易FMEAを試みてください。マグネトロン加熱状態で電子レンジの扉が開状態、閉状態、待機状態で電子レンジの扉が開状態、閉状態の4つの状態で考えてみてください。

◉演習①

電子レンジの加熱スイッチと扉開閉（スイッチ）を例に簡易FMEAを試みてください。

	扉 開	扉 閉
マグネトロン加熱	状態B	状態A
マグネトロン待機	状態C	状態D

【回答例】

◉回答例

No.	名称（部品）	機能	故障モード	故障原因	故障の影響	発生頻度※	致命度※	検知難易度※	危険優先数（RPN）	故障の対処方法（省略）
1	加熱SW	加熱（マグネトロンオン）	SWオン固着	接点部分の融合？	勝手に加熱の恐れ	3	5	3	45	
2			SWオン固着	汚れ	動作せず	5	2	2	20	
3			接触不良によるオンオフ繰り返し	バネ劣化？	やけどの恐れ気がつかず	2	5	5	50	
4	開閉検出SW		開誤検出、または検出不能	汚れ、機構部折損	加熱動作せず	3	2	3	18	
5			閉誤検出	汚れ	扉開状態で加熱の恐れ	2	5	4	40	

※は5段階評価

②健康食品の製造販売を手掛けている中堅企業があります。当該企業を取り巻く環境のうち、SWOT分析において「O」に分類されると思われるものを考えてみてください。

【回答例】

健康ブームの影響で関連食品へのニーズは高まっている場合があります。たとえば有名人が愛用している、SNSで話題になっているといった場合があります。これは外部環境要因であり、当該企業にとって好材料となるため、「Opportunity(機会)」に分類されます。Sに分類されることの多い量産技術(コストダウン)が確立するとビジネス変革につながることになります。

演習課題⑤の回答例

①次のように仮定した場合、日本全国には電柱が何本あるか推定してください。

- 都市部では、50m × 50mの面積に1本の電柱がある。
- 日本面積 = 380,000㎢
- 都市面積(全体の10%)= 38,000㎢

【回答例】

日本を「都市部」と「農村部」に分けます。都市部は日本全体の土地面積の約10%、農村部は約90%を占めていると仮定します。

都市部と農村部は、人口密集度を考慮して、面積当たりの電柱の数が異なると考えます。都市部では、50m×50mの面積に1本の電柱があると仮定します。農村部では、150m×150mの面積に1本の電柱があると仮定します(農村部の様子を思い起こして推測します)。

日本全体の面積を考慮して、都市部と農村部の面積を計算します。

- 日本面積 = 380,000㎢
- 都市面積(全体の10%)= 38,000㎢
- 農村部面積(全体の90%)= 342,000㎢

面積当たりの電柱の数を掛け合わせます。

- 都市部の電柱数 =
  38,000 × 1000 × 1000 / 2500 = 15,200,000本
- 農村部の電柱数 =
  342,000 × 1000 × 1000 / 22500 = 15,200,000本

最後に、都市部と農村部の電柱の数を足します。

- 15,200,000本 + 15,200,000本 = 30,400,000本

したがって、日本全国にはおおよそ30,400,000本の電柱があると推定されます。

なお、実際のデータは2011年時点で約33,211,965本です。

②作業表からアローダイアグラムを作成しクリティカルパスを示してください。また、最短日数は、何日でしょうか。

◉ 演習②

●作業表からアローダイアグラムを作成しクリティカルパスを示してください。
●最短日数は、何日でしょうか?

作業名	所要日数	先行作業
A	10	なし
B	5	なし
C	10	A
D	15	A
E	20	A、C、D
F	15	A、D
G	25	A、B
H	10	A、B、C、D、E、F、G

1

7

【回答例】

- クリティカルパスは55日　A→D→E→H
- 最短日数は40日　B→G→H

演習課題⑥の回答例

①人が自転車と認識するために、最小限必要と思われるパーツはどれでしょうか。

◉演習①

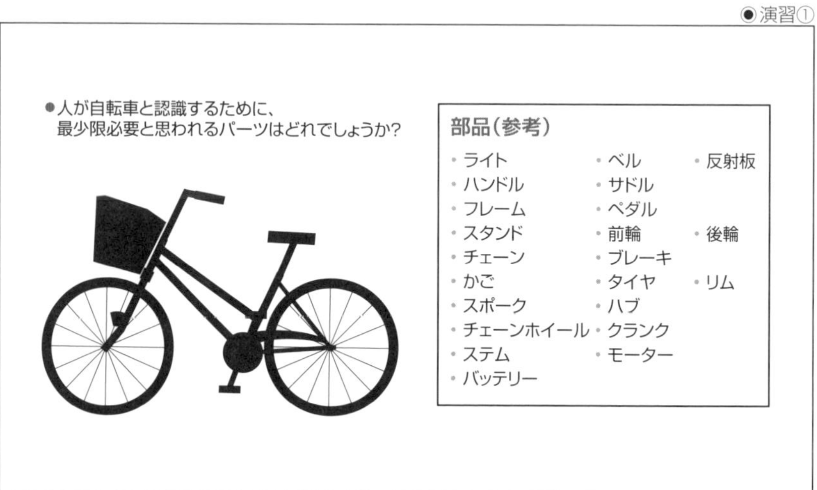

【回答例】

最少限必要と思われるパーツは「ハンドル」「サドル」「フレーム」「前輪」「後輪」です。

②おばあさんは動物愛護協会から子犬をひきとり、育てることにしました。おばあさんは子犬を屋外で飼うため、動物愛護協会からの支援金と自己資金合わせて1万円以内で犬小屋を作ってほしいと社会福祉協議会に依頼しました。
あなたは社会福祉協議会のBさんから依頼を受け、おばあさんの希望をかなえることになりました。大工仕事は近所の高校生Cさんがボランティアで担当することになっています。
この場合、AさんやBさんはどのような行動が必要でしょうか。手順を追って考えてみてください。

【回答例】

- **(1)ニーズの把握**

犬小屋を製作するにあたり、Aさんは、おばあさんに何を確認すべきでしょうか?

- **(2)AさんからCさんへの伝達事項**

ニーズ実現にあたり、まず、最初にどんな事項を伝達しますか?

- **(3)Bさんの評価**

Aさんから、Bさんへ犬小屋完成の連絡があり、Bさんは、犬小屋を見に行きました。Bさんは、何を確認する必要があるのでしょうか。

演習課題⑦の回答例

①下図の中に潜んでいる危険を5個以上、挙げてください。

◉演習①

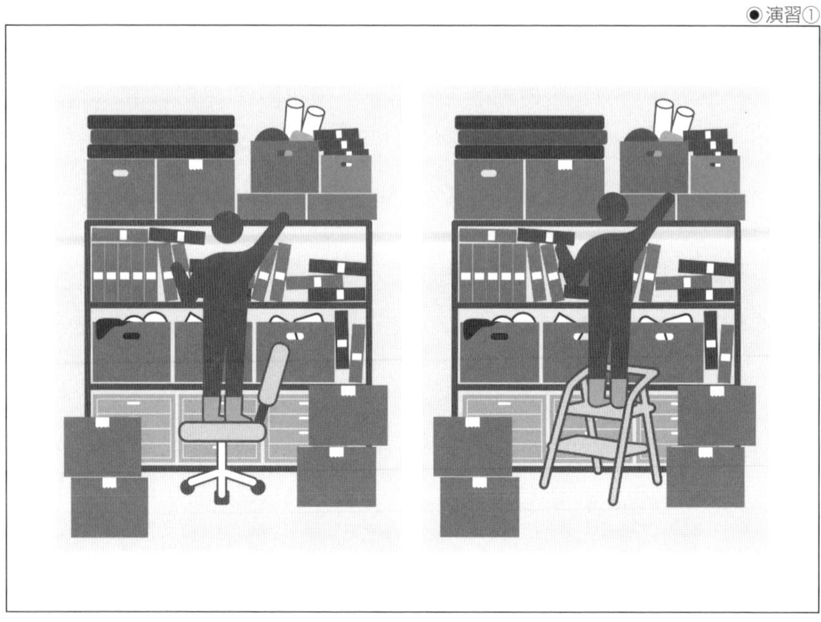

【回答例】

- 椅子の上にのっての作業(不安定、落下転倒の危険)
- 椅子自身のリスク(バランスを失う、勝手に横移動する)
- 棚の高いところへ手を伸ばしているため、不安定。物を落下してしまう
- 棚から取り出す箱が重いと危険
- 棚の支柱が細いと曲がる危険がある
- 箱を取り出す際に、棚板が固定されていないとずれてきて、他の物が落下する危険
- 履き物が脱げやすいと不安定
- 一人作業になっている。補助者をつけたほうがいい
- 地震などで棚のモノや下の引き出しが飛び出してくる恐れがある
- 床が滑りやすいと危険　などなど

②フェイルセーフ設計とフールプルーフ設計について、本書に記載した事例以外の身近な事例を3件以上、挙げてください。

【回答例】

フェイルセーフ設計とは、何らかの異常事象発生時に危険側故障とならないような工夫のことです。フールプルーフ設計とは、間違った操作をした場合に安全側に作動する工夫を指します。例としては、次のようなものがあります。

- 洗濯機のフタの開閉機構(動作中はロックされる)
- 洗濯機の洗濯物偏り時の回転停止機能
- ガスコンロの過剰な熱発生時の消火機能
- 灯油ストーブの転倒時消火機能
- エレベーターの扉開閉時における挟まれ検出機能
- 車のエンジン始動時ブレーキペダル踏込み動作条件
- 冷蔵庫ドアの長時間開放時アラーム機能
- 電気こたつやホットカーペットなどの温度上昇防止のバイメタルサーモスタット

演習問題⑧の回答例

①今年のカレンダーをベースに、4月第2週月曜日開始、7月第1週金曜日終了のプロジェクトAと12月第2週月曜日開始、3月第1週金曜日終了のプロジェクトBとでは、工程管理上どのような違いがあるか考えてみてください。

【回答例】

2024年カレンダーを例にすると、プロジェクトAの期間は、延べ13週あり、平日数は62日あります。ただし、5月連休があるので、多くの場合、平日が減り稼働日数で見て60日とみなします。稼働週は12週です。祝日があり稼働4日の週が1週あります。

プロジェクトBの期間は、延べ13週あり、平日数は61日ります。ただし、年末の12月30日と31日、正月三が日を休日とみなすと、平日が減り稼働日数で見ると57日となります。稼働週は、12週ですが、祝日があり、稼働4日の週は3週ります。

以上が、カレンダーから読める稼働工数です。

これらにより、Bは、Aより5%ほど稼働日数が少ないことがわかります。また、冬季の業務は、風邪の流行などにより、有給取得が増加しがちであること、祝日が多いことから業務効率が低下しやすいです。

このようなリスクを工程管理に織り込む必要があります。

また、予算年度(企業により異なるが)末に近いと、経理や総務系の締め切り業務も増えがちで稼働率は圧迫されやすいでしょう。

なお、Aは、年度初めにあたり新人の配属や研修受け入れなどで全体スキルは低下しがちであることも織り込んでおく必要があります。

②次の言葉を別な言葉に言い換えてみてください。

- あなたは頭が固い
- あなたは人を見る目がない

【回答例】

- 「あなたは頭が固い」の言い換えの例
  - ○あなたは、信念の強い人ですね
  - ○ぶれない人ですね
  - ○一貫性のある姿勢は大事ですね　などなど

- 「あなたは人を見る目がない」の言い換えの例
  - ○あなたは優しい人なんですね
  - ○あなたの目利きはすぐれてますが、今回はどうして〜したんでしょうか?
  - ○あなたは我々には気づかない何か良いところを見つけているのでしょうか?
  - ○あなたは、○○さんをどのように見ていますか?
  - ○あなたは、○○さんを高く買っているように見受けられますが、○○さんのどういう点を評価しているんでしょうか?　などなど

言い換えにあたっては、反対側の視点から捉えて言い方を探してみるとよいでしょう。「あなたは頭が固い」の場合、本当は頭が柔らかいはずなのになぜと捉えて理由を探っていきます。「あなたは人を見る目がない」の場合は、本当は人を見る目があるはずなのになぜと捉えてみます。

なお、「あなたは頭が固い」の言い換えの場合、それに「しかし、たとえば、〜」などと続けます。また、現状を変えようとしない理由を聞いてみるなど、論点をできるだけ具体化していきます。ヒトの特性を論じるのではなく、共同の課題に焦点を当てていくとよいでしょう。

索引

か行

さ行

た行

な行

は行

ま行

や行

ら行

■著者紹介

金田 光範（かねだ みつのり）

地方独立行政法人 東京都立産業技術研究センター 研究開発本部 情報システム技術部 DX推進センター専門アドバイザーを担当している。法政大学理工学部経営システム工学科の兼任講師として2020年3月まで2年間プロジェクトマネジメントに関する授業を担当した。東芝にて、多くの原子力発電所向け監視制御システムの開発プロジェクト、原子力防災における緊急事態応急対策拠点施設の計算機システムの開発プロジェクトを担当した。システムソフトウェアのエンジニアリング、安全、人間工学に詳しい。

入月 康晴（いりづき やすはる）

法政大学理工学部経営システム工学科の兼任講師として2020年4月からプロジェクトマネジメントに関する授業を担当している。地方独立行政法人 東京都立産業技術研究センター フェローとして2023年4月からデジタル化推進部 デジタル化推進室の担当課長を務める。2023年3月までは研究開発本部 情報システム技術部長を務めた。研究分野としては、知能化技術や非線形モデリング、組込みシステムの信頼性向上などである。出光興産株式会社技術部プロセスシステムセンターでは、プラント運転の自動化や最適化、制御システムなどの研究開発に従事した。プロジェクトに関連するものとしては、石油精製や化学プラントへの制御システム導入プロジェクトやプラント建設プロジェクトでのシステム導入テストなどを担当した。その他、機能安全のJIS原案作成委員なども行った。博士（工学）（2002年3月 名古屋大学）。

編集担当 ： 吉成明久 / カバーデザイン ： 秋田勘助（オフィス・エドモント）
写真 ： ©chaiyawat sripimonwan - stock.foto

ITエンジニアのためのプロジェクトマネジメント基礎講座

2024年6月3日　初版発行

著　者　金田光範、入月康晴

発行者　池田武人

発行所　株式会社　シーアンドアール研究所
新潟県新潟市北区西名目所 4083-6(〒950-3122)
電話　025-259-4293　FAX　025-258-2801

印刷所　株式会社　ルナテック

ISBN978-4-86354-448-2 C3055